YINGSHI
WENHUA
YU
SHIPING
ANQUAN

饮食文化与食品安全

邓安平 编著

苏州大学出版社
Soochow University Press

图书在版编目(CIP)数据

饮食文化与食品安全/邓安平编著. --苏州:苏州大学出版社,2024.12. --ISBN 978-7-5672-5080-2

Ⅰ. TS971.2;TS201.6

中国国家版本馆CIP数据核字第2025JM4577号

书　　名: 饮食文化与食品安全

编　　著: 邓安平
责任编辑: 王晓磊
装帧设计: 吴　钰

出版发行: 苏州大学出版社(Soochow University Press)
社　　址: 苏州市十梓街1号　**邮编:** 215006
印　　装: 镇江文苑制版印刷有限责任公司
网　　址: www.sudapress.com
邮　　箱: sdcbs@suda.edu.cn
邮购热线: 0512-67480030
销售热线: 0512-67481020

开　　本: 700 mm×1 000 mm　1/16　**印张:** 12.5　**字数:** 218千
版　　次: 2024年12月第1版
印　　次: 2024年12月第1次印刷
书　　号: ISBN 978-7-5672-5080-2
定　　价: 45.00元

前 言

食物（或食品）是人类赖以生存和发展的物质基础。在人类几百万年的进化过程中，人类最主要的活动就是从自然界中寻找食物，例如，狩猎，采集可食的植物种子、花果等。在旧石器时代后期，人工取火的发明为人类食用熟食提供了保障。用火加工食物孕育了原始的烹饪。进入新石器时代，人类获取食物的方式已从完全依赖自然逐渐过渡到狩猎、采集与农耕、畜牧并重。陶器的出现和使用使具有完备意义的烹饪产生，人类进入了饮食文化的萌芽阶段。

中国饮食文化是中国人民在几千年的饮食活动中所创造出来的物质财富和精神财富的总和，内容极为丰富，涉及饮食结构、食物制作、食物器具、营养保健、饮食审美等方面，不仅讲究饮食所呈现的色、香、味、形、器，也讲究饮食的滋、养、补，并赋予饮食精、美、情、礼的深层内涵。中国饮食文化博大精深，独具特色，影响深远。

在广袤的亚欧大陆西边，与东方人类在种族、语言、文化等方面有较大差异的西方人类，在几千年的历史长河中，也创造出了极具特色的西方饮食文化。西方饮食文化具有浓厚的历史特点与独特的体系结构，强调科学、营养与菜肴制作规范化，在世界范围内享有很高的声誉。

不管是东方还是西方，抑或是地球上的其他地方，人类的饮食史就是人类从自然界获取食物的奋斗史，是饮食文化从萌芽阶段不断发展并逐步走向成熟、繁荣的过程，也是不同饮食文化相互交流、借鉴、发展的过程。

民以食为天，在我国几千年的农业社会中，吃饭问题始终是当政者及民众的头等大事。在脱贫攻坚战取得重大成果后的今天，我国已经消除了绝对贫困，民众的吃饭问题已得到根本解决。随着人民生活水平的提高，人们关注的焦点已从“吃饱”转到“吃好，吃得健康、营养、安全”。

要"吃好"的先决条件是食物供应丰富，各种食材应有尽有；其次是食物要"好吃、味美"。中国饮食文化中的八大菜系，无不将菜品的"味美"放在突出位置。西方饮食中的法国菜也以"味美"见长。

要"吃得健康、营养、安全"，则要求食物提供的营养素不仅种类齐全、数量足够，而且各种营养成分之间的比例适当；同时要求食物中除营养素之外的其他物质不对人体产生毒害作用。

《饮食文化与食品安全》全书共十章。第1章至第4章为饮食文化部分。第1章介绍了中国饮食文化的基本理论、特点、内涵及中国烹饪的要素、特征和技法；第2章介绍了中国饮食文化的发展历程，中国饮食文化中的八大菜系等内容作为延伸阅读材料以二维码的形式附在第2章之后；第3章介绍了西方饮食文化的特点、食物类别、烹饪方法及与中国饮食文化的差异等；第4章分别介绍了意大利、法国、英国、德国、西班牙、俄罗斯、土耳其、美国、墨西哥的饮食文化。第5章至第10章为食品安全部分。第5章介绍了食品和食品安全的相关概念，如食品的定义与功能、食品污染、食品安全标准、食品安全法等；第6章主要介绍了六大营养物质（蛋白质、脂类、糖类、矿物质、维生素、膳食纤维）的性质、来源、功能及其与健康的关系；第7章阐述了合理营养的原则与要求，平衡膳食的注意点与准则等；第8章介绍了食品添加剂的定义、特征、作用、安全使用等广大民众关注的内容；第9章与第10章分别介绍了食品中的化学性及生物性污染物的种类、性质、危害，以及避免（或减少）有毒有害物摄入的方法和措施。

编写本书的目的是帮助读者进一步加强中国饮食文化是中华优秀传统文化的重要组成部分的概念，增强文化自信，并从美食中感受到快乐。另外，本书可帮助读者进一步了解食品中营养成分的性质和功能，了解食品添加剂的种类、性质和作用，了解食品中存在的有毒有害物的性质、存在方式、对健康的危害，以及预防、监管措施等，正确认识食品添加剂，树立正确的食品安全观，增强对我国食品安全的信心，自觉养成良好的饮食习惯和卫生习惯，确立自己是身体健康第一责任人的强烈意识，减少疾病发生，健康生活，享受美好、快乐的人生。

本书汇集了笔者长期从事食品和环境中有毒有害物检测教学和科研的工作经验，兼收众家之长，在笔者负责的同名公选课教学内容的基础上编著完成。"饮食文化与食品安全"课程2015年获批"苏大课程2015－3I工程"项目，次年在苏州大学独墅湖校区和天赐庄校区开课。2020年后，开课范围

扩展至苏州市其他院校。在多年的教学过程中，教学内容不断补充、修改、完善，课程深受学生欢迎。为扩大课程内容的传播范围，在各方人士的鼎力支持下，笔者现将讲稿整理成书，期望能与更多人分享饮食文化和食品安全的相关知识，为促进国家《“健康中国2030”规划纲要》的实施尽绵薄之力。

本书得到了苏州大学出版社原社长盛惠良、陈兴昌总编辑、欧阳雪芹副总编辑、李寿春副总编辑，苏州大学材料与化学化工学部封心建教授、李建国教授，苏州大学药学院杨红教授的热情鼓励、大力支持和帮助，在此表示最诚挚的谢意。感谢苏州大学出版社王晓磊编辑的辛勤付出。感谢关心此书的同学、同事和亲友们。

由于本书涉及的知识面较为广泛，书中对一些知识的讲解难免有遗漏或不足，真诚希望专家、同行、读者提出宝贵的意见。

邓安平

2024 年 8 月

CONTENTS 目录

第 1 章

中国饮食文化概论

中国饮食文化是中国人民在长期的饮食活动中所创造出来的物质财富和精神财富的总和。我国有着五千年文明古国的美誉，饮食文化的历史源远流长，博大精深。在几千年的历史长河中，中国饮食文化已成为中国传统文化的一个重要组成部分。在长期的发展、演变和积累过程中，中国人从饮食结构、食物制作、食物器具、营养保健和饮食审美等方面，逐渐创造了具有独特风格的中国饮食文化。

从内涵上看，中国饮食文化涉及食源的开发与利用、食具的运用与创新、食品的生产与消费、餐饮的服务与接待、餐饮业与食品业的经营与管理，以及饮食与国泰民安、饮食与文学艺术、饮食与人生境界的关系等，深厚广博。

从外延上看，中国饮食文化可以从时代与技法、地域与经济、民族与宗教、食品与食具、消费与层次、民俗与功能等多种角度进行分类，展示出不同的文化品位，体现出不同的使用价值，异彩纷呈。

从特质上看，中国饮食文化突出养助益充的营养卫生论，并且讲究色、香、味俱全，强调五味调和的境界说、奇正互变的烹饪法、畅神怡情的美食观等。中国饮食文化除了讲究菜肴的色彩搭配外，还十分讲究用餐氛围和用餐情趣。

从影响上看，中国饮食文化直接影响到日本、蒙古国、朝鲜、韩国、泰国、新加坡等国家，是东方饮食文化圈的核心；与此同时，它还间接影响到欧洲、美洲、非洲和大洋洲等地区。

1．中国饮食文化的特点

中国饮食文化博大精深、源远流长，呈现出非常突出的特点。

(1) 以植物源性食物为主

大众饮食中主食以粮食作物为主，一般来说南方是水稻，北方是小麦，加上谷子、玉米、豆类等。辅食是蔬菜，外加少量肉类、蛋类、奶类及其制品。不同地域的居民其食物的配置也不同。北方的居民喜欢用面粉做成包子、馒头、烙饼、面条等；南方的居民以米饭为主，并善于制作各种糕饼、汤圆、米粉等。

(2) 以热食、熟食为主

中国人饮食以热食、熟食为主和中华文明开化较早及烹饪技术发达有关。古代中国人认为："水居者腥，肉玃者臊，草食者膻"，热食、熟食可以"灭腥去臊除膻"。熟食容易消化，热食可以暖胃；并且在加热条件下人们可以调制各种各样的美食，因而形成了成熟的烹饪技术和丰富的烹饪文化。

(3) 在饮食方式上是聚食制

聚食制的起源很早，从许多文化遗存的地下发掘中可见，古代炊间和聚食的地方是统一的，炊间在住宅的中央，上有天窗出烟，下有篝火，在火上做饭，就食者围火聚食。聚食制的长期流传，是中国重视血缘关系和家族家庭观念在饮食方式上的反映。

(4) 筷子是主要食具

筷子，古代叫箸，在中国有悠久的历史。《礼记》中说："饭黍无以箸。"可见至少在春秋时期，中国人已经使用筷子进食。筷子一般以竹制成，一双在手，运用自如，既简单经济，又很方便。东方诸国使用筷子也源自中国。

(5) 讲究美感

中国饮食文化的与众不同不仅表现在精湛的烹饪技术上，而且表现在讲究菜肴的美感上。人们不仅追求口感美、嗅觉美，还追求形式美、内涵美，讲究食物色、香、味、形、器的完美合一，这能使人们感受到精神和物质高度统一的美感。

中国饮食之所以有其独特的魅力，关键就在于它的味。而美味的产生，在于调和，要使食物的本味，加热以后的熟味，加上配料、辅料以及调料之味融合、协调，互相补充，互相渗透。中国饮食讲究的调和之美，是中国烹饪艺术的精要。中国美食的调和主张，与中国古代"中庸"的哲学思想是息息相通的。

(6) 风味繁多

我国幅员辽阔、地大物博，各地气候、物产、风俗习惯有所不同，长期以来存在较大的区域性差异，在饮食上也就形成了各具特色的风味菜系，主要是鲁、苏、粤、川、浙、闽、湘、徽八大菜系。

(7) 四季有别

中国饮食强调进食要与四季变化协调同步。春夏秋冬、朝夕晦明要吃不同性质的食物，甚至加工烹饪食物也要考虑到季节、气候等因素。例如，冬之味醇厚浓郁，以炖、焖、煨为主要的烹饪方法；夏之味清淡凉爽，以凉拌、冷藏为主要的烹饪方法。

(8) 注重情趣

中国饮食不仅要求饭菜色香味俱全，而且还十分注重菜的情趣。中国菜肴的名称或神奇瑰丽，或雅俗共赏，一般根据主料、辅料、调料及烹饪方法确定，同时还引入一些历史典故、神话传说、名人食趣等。

(9) 食医结合

中国的烹饪技术与医疗保健有密切的联系，在几千年前就有“医食同源”和“药膳同功”之说。中国人利用食物原料的药用价值，将其做成各种美味佳肴，让人们在享受美食的同时达到保健强身、辅助治疗疾病的目的。

2. 中国饮食文化的深层内涵

中国饮食文化的深层内涵可以概括成四个字：精、美、情、礼。这四个字反映了饮食活动过程中饮食品质、审美体验、情感活动、社会功能等所包含的独特文化意蕴，也反映了饮食文化与中华优秀传统文化的密切联系。

精，是对中国饮食文化的内在品质的概括。孔子说过：“食不厌精，脍不厌细。”这反映了先民对于饮食的精品意识。这种精品意识越来越广泛、深入地渗透到饮食活动的过程中。选料、烹饪、配伍乃至饮食环境，都体现着一个“精”字。

美，体现了饮食文化的审美特征。中国饮食之所以能够在世界上广受欢迎，其重要原因之一，就在于它美。这种美，是指饮食活动形式与内容的完美统一，是指它给人们带来的审美愉悦和精神享受。美作为饮食文化的一个基本内涵，是中国饮食的魅力之所在，美贯穿在饮食活动过程的每一个环节中。

情，是对中国饮食文化社会心理功能的概括。饮食是人与人之间情感交流的媒介，是一种别开生面的社交活动。一边吃饭，一边聊天，可以谈生意、论长短、叙友情。中国饮食之所以具有“抒情”功能，是因为受到了“饮和食德”“万邦同乐”的思想和具有民族特点的饮食方式的影响。

礼，是指饮食活动的礼仪性。中国饮食讲究“礼”，这与我们的传统文化有很大关系。《礼记·礼运》中说：“夫礼之初，始诸饮食。”“三礼”中几乎没有一项不曾提到祭祀中的酒和食物。礼同时也指一种秩序和规范。坐席的方向、入席者的座位、箸匙的排列、上菜的次序等都体现着礼，它是一种内在的伦理精神。

精、美、情、礼，分别从不同的角度概括了中国饮食文化的深层内涵。精与美侧重于饮食的形象和品质，而情与礼则侧重于饮食的心态、习俗和社会功能。唯其“精”，才能有完整的“美”；唯其“美”，才能激发“情”；唯有“情”，才能有合时代风尚的“礼”。四者环环相生、完美统一，形成了中国饮食文化的最高境界。

3．中国饮食文化的基本理论

（1）食医合一

我们的先民在远古时代就开始认识和鉴别植物的食用性和药用性，这表明中国人很早就认识到医食同源。周代就出现了专门管理王室成员饮食与健康的“食医”，随后又出现了“药膳”。食医在“食”和“医”二者间更侧重于“食”，而药膳则侧重于“医”。

我国历史上经典的医药书籍，如东汉张仲景所著《伤寒论》，唐朝孙思邈所著《千金方》，明朝李时珍所著《本草纲目》等，几乎同时又是食书。书中有些药物是人们正在吃着（或曾吃过）的食物。历史上的医家多是懂饮食烹饪的行家，历代名厨又多是通晓医药的行家。

（2）饮食养生

饮食养生源于“医食同源”或“食医合一”的思想与实践。饮食养生不同于饮食疗疾。饮食疗疾是一种针对已发疾病的医治行为，而饮食养生则是旨在通过特定意义的饮食料理达到使人健康长寿目的的理论和实践。

饮食以养生为尚，讲究服食和行气，以外养和内修调整阴阳，行气活血，返本还元，以延年益寿。中国最早的医学典籍《黄帝内经》将饮食概括为“五谷为养，五果为助，五畜为益，五菜为充”。饮食保健理论是中国饮食文化理论的重要组成部分。

中国古代先民倡导并践行天人相应，就是人体的饮食应与自己所处的自

然环境相适应。夏季天气炎热，应多选用清热食物以消暑解热，不宜食用辛热食品，适当限制温性食物的摄入。冬季天气寒冷，应多选用温热食物以增温祛寒，增加温热的功效。所谓“以寒治热，以热治寒”的饮食保健原则，在实施过程中就要首先辨明食物的温热、寒凉性质。

日常饮食中，平性食物居多，温热性食物次之，寒凉性食物再次之。平性食物如大米、花生、苹果、青菜、平菇、猪肉等，具有健脾、开胃、补益的作用；温热性食物如生姜、花椒、辣椒、大葱、羊肉、牛肉、鸡肉、小麦、荔枝、桂圆、大枣等，具有温阳、温里、散寒的作用；寒凉性食物如丝瓜、冬瓜、西瓜、番茄、苦瓜、黄瓜、香蕉、螃蟹等，具有滋阴、清热、泻火、解毒的作用。

（3）孔孟食道

孔子食道主要体现在“二不厌、三适度、十不食”上，即“食不厌精、脍不厌细”；饮食要讲究“时、节、度”；在十种情况下应不食，即“食饐而餲，鱼馁而肉败，不食。色恶，不食。臭恶，不食。失饪，不食。不时，不食。割不正，不食。不得其酱，不食。肉虽多，不使胜食气。惟酒无量，不及乱。沽酒市脯，不食。不撤姜食。不多食。祭于公，不宿肉。祭肉不出三日。出三日，不食之矣。”概括而言就是饮食追求美好，加工烹饪力求恰到好处，遵时守节，不求过饱，注重卫生，讲究营养，恪守饮食文明。

孟子把饮食上升到道德品性的高度，提出“食治、食功、食德”三个观念。所谓“食治”就是当人具有劳动能力时，不能碌碌无为白吃饭；“食功”可以理解为以等值的劳动成果换来养生之食的过程；“食德”就是坚持吃正大清白之食和符合礼仪进食的原则。孟子的饮食思想，在今天仍有现实意义。

（4）本味主张

中国饮食文化强调“民以食为天”，也主张“食以味为先，味以本为好”，即特别看重食物本身的“味性”。所谓“味性”，具有“味”和“性”两重含义。“味”是人的鼻、舌等器官可以感觉和判断的食物原料的自然属性，如味感（味觉、滋味、味）、触感（触觉、质感、适口性）、嗅感（嗅觉、香味、香气）；而“性”则是人们的鼻、舌等器官无法直接感觉的物料的功能，如平性食物、温热性食物和寒凉性食物对人体的作用。

注重原料的天然味性，讲究食物的隽美之味，是中国饮食文化很早就明确并不断丰富发展的一个原则。清朝美食大家袁枚在其所著的《随园食单》

中特别强调："一物有一物之味，不可混而同之"，"一碗各成一味"，"各有本味，自成一家"。

中国饮食文化中的烹饪调味理论有两种，即本味论和变味论。本味论即通过三材、五味的作用，去其恶味，以突出原料本身的美味，达到物尽天然、返璞归真，尽显材料天然丽质，崇尚清淡的目的；而变味论是通过三材、五味的作用，不仅要清除食物原料中的恶臭腥臊之味，而且要通过调料改变食物原料的本味，起到增加美味、刺激食欲的作用。在中国八大菜系中，苏、粤菜系更多地体现本味，而川、湘菜系变味更为明显。美味是中国饮食追求的最主要目标。

4．中国饮食文化中烹饪的要素、特征和技法

（1）烹饪的要素

美味只有通过各种烹饪方式才能达成。中国烹饪之所以复杂，是因为在菜品制作全过程中，料、刀、炉、火、器、味、水、法八大要素都在变化；烹饪之所以有规律，是因为这八大要素在变化中又都有各自的"轨迹"。故烹饪之难，就难在八大要素变化"度"的调适上。

① 料：料既是烹饪的物质基础，也是烹饪诸要素的核心，因为其他的要素都是作用于它的。原料转化为菜品后可以提供营养、果腹充饥、满足食欲。又由于好菜源自好料，所以用料必须严格筛选，恰当进行组合。"巧妇难为无米之炊"，故袁枚讲："一席佳肴，司厨之功居其六，买办之功居其四。"

② 刀：刀的作用是对原料进行切削，使之变形。同时，不同的刀法和刀口，不仅可以美化菜品，还会影响原料成熟的快慢。通过刀剔除不能食用的部位，又起到进一步选料的作用。不论生切、熟切，都既是烹饪工艺的重要环节，又是使食物便于食用的手段，所以古人有"良庖一把刀"之说。

③ 炉：炉是烹饪的必需设备和食物的加热场所。不同的炉灶适用于不同的烹饪方法，炉灶设计科学与否，往往会直接影响菜品质量。如果炉灶使用不能得心应手，厨师技艺就难以正常发挥。

④ 火：火的实质是提供热能，可以直接使原料发生由生到熟的质变，在烹饪中至关重要。烹的实质便是用火，如何用火大有讲究。由于火的变化微妙，不同的火候可以形成不同的技法，制出不同风味的菜品。因此，用火与用刀、用勺、用味历来并称为厨师的四大基本功。

⑤ 器：器主要指炊具，还包括餐具。不同的炊具有不同的效用，可以形成不同的技法。炊具在烹饪工艺中往往是最活跃、最有创造性的因素。我

国历史上几次大的烹饪变革，都是由新炊具的问世引发的，如陶罐带来水烹法、铁锅带来油烹法。

⑥ 味：味即调味料。它可以改变菜品的属性，赋予其特殊风味。风味是菜肴质量鉴定的主要指标，也是饮食审美的重要内容。使调味料中的呈味物质进入原料有一系列难题，其间变化甚多，往往不易把握。在中国，厨师水平的高低也多以调味准否来衡量。故而调味在烹饪中有定性、定质的作用。

⑦ 水：水是烹饪的辅佐物，烹制菜肴每道工序几乎都少不了它。它可以洗涤、涨发、传热、导味、保护营养素，还可以制约菜品的外观与口感。它与“火”相得益彰，既相生相克又相辅相成。

⑧ 法：法即烹饪技法，包括生烹（含理化反应、微生物发酵、味料渗透）、熟烹（含火烹、水烹、气烹、油烹、矿物质烹、器物烹、混合烹、电器烹）两个大类。法既是工序，又是技巧，还是规程，更是上述七大要素的有机构合。

中国烹饪技法林林总总，是数千年厨艺变化发展的结晶。不同的技法可以制出不同的菜品，不同的地方风味常以某种技法而扬名。

（2）烹饪的特征

① 讲究选料：选料是中国厨师的首要技艺，是做好一道菜肴的基础，需要厨师具备丰富的有关食材的知识和熟练的烹饪技巧。每道菜肴所取的原料，包括主料、配料、辅料、调料等，都有很多讲究和一定之规。

② 讲究切配（刀工技巧）：刀工，即厨师对原料进行刀法处理，使之成为烹饪所需要的整齐一致的形态，以适应火候，受热均匀，便于入味，并保持一定的形态美，因而是烹调技术的关键之一，须经长期实践才能达到娴熟的程度。

③ 讲究火候：火候是形成美食风味特色的关键之一，但没有多年操作实践经验，火候很难做到恰到好处。准确掌握火候可使菜肴达到软嫩酥烂、鲜香可口的要求。同时，火候恰到好处，还可保持原料的营养成分。

④ 讲究调味：所谓“五味调，百味香”。中国美食味道千变万化、层出不穷，风味独特，品种繁多，除用料和烹饪方法不同外，还源于调味的变化。调味的关键是调料合理、适量。

⑤ 情调优雅：中国饮食文化讲究情调优雅，氛围艺术化，主要表现在美器、美名、佳境三个方面。美器与美食的和谐，是饮食美学的最高境界。

在中国人的餐桌上，没有无名的菜肴，菜名也给人以美的享受。

(3) 烹饪的技法

中国烹饪的技法很多，每一种方法都有其特别之处。常见的技法如下。

① 炒：炒是中国烹饪技法中人们采用得最广泛的方法。其原料一般呈片、丝、丁、条、块状等，炒时要用旺火，热锅热油，放入材料与调味料，迅速搅拌翻动至熟。炒的时间不宜长，以保持食物的脆嫩。依照材料、火候、油温高低的不同，可分为生炒、滑炒、熟炒及干炒等方法。

② 炸：一般指油炸，是一种旺火、多油、无汁的烹饪方法。使用口较深的锅，放入较多的油（油要漫过食物），烧热，将食物投入油锅中炸至金黄色起脆皮即可。有的主料不用挂糊，只用调料腌渍一下，然后用旺火热油炸制，如清炸、纸包炸、油浸炸；有的需要挂糊后再炸，如干炸、软炸、酥炸、面包渣炸、脆炸、油淋等。

③ 煎：煎是炸的一种，但用的油量较少，以不漫过食物为原则。煎是先把锅烧热，用少量的油刷一下锅底，然后把加工成扁形的原料放入锅中，用少量的油煎制成熟，使食物两面发黄、松脆。

④ 塌：塌是鲁菜独有的一种烹饪方法。主料先用调料腌渍，再拍粉或挂鸡蛋糊，用油煎至两面金黄时，再放入配料、调料和汤汁，然后用慢火塌尽汤汁。

⑤ 烹：烹是炸的一种，用油比煎多，比炸少。把挂糊或不挂糊的片状、丝状、块状、段状食材用旺火热油先炸一遍，锅中留少许底油置于旺火上，将炸好的主料放入，加入单一的调味料（不用淀粉），或加入多种调味料兑成的芡汁（有淀粉），快速翻炒即成，烹汁以将主料全部包住为好。

⑥ 爆：爆就是急、速、烈的意思。一般是指将主料用沸汤烫过或热油冲炸之后再下配料，兑入芡汁，以大火、热油快炒后立即取出的手法。加热时间极短，主要用于烹制具有脆性、韧性的原料，如猪肚、牛肚、鸡肫、鸭肫、鸡肉、鸭肉、猪肉、牛肉、羊肉等，制出的菜肴脆、嫩、鲜爽。爆是通用的一种烹饪方法，尤以鲁菜中的爆最为有名。

⑦ 熘：熘是用旺火急速烹饪的一种方法。熘菜的主料一般为块状，甚至于用整料。经调料腌渍的主料挂糊后过油，再用较多的芡汁熘制，使主料与配料在明亮的芡汁中交融在一起。

⑧ 贴：把几种黏合在一起的原料挂糊之后，下锅只贴一面，使其一面黄脆，而另一面鲜嫩。贴时多用小火，不停晃动锅并往主料上浇油，以使主

料均匀受热。贴与煎的区别在于，贴只贴主料的一面，而煎是煎两面。

⑨ 烤：烤是人类最古老的烹饪方法。主料一般都先用调料腌渍一下，将其放在烤炉中利用辐射热使之成熟。由于是在干燥的热空气烘烤下成熟的，原料表面水分蒸发，凝成一层脆皮，原料内部水分保留，因此成菜形状整齐，色泽明亮，外脆里嫩，别有风味。烤制方法有暗炉烤、烤箱烤、明炉烤等。

⑩ 烧：烧可理解为古时的“炙”，粤菜中是指将食物放在炭火或明火上致熟的烹饪方法。烧现指通过慢火将汁水略收干并将食物炊熟的烹饪方法，是将主料进行一次或多次热处理之后，加入汤（或水）和调料，先用大火烧开，再改用小火慢烧至酥烂（肉类、海鲜），或软嫩（豆腐），或鲜嫩（蔬菜）。

⑪ 焖：焖是从烧演变过来的。主料经油炸之后，再加适量的汤及调料，盖严锅盖，用微火慢慢（一般在半小时以上）焖烂。

⑫ 焗：焗是粤菜中常用的一种烹饪方法，是中外烹饪文化交流的结果。将以禽类、海鲜为主的动物源性原料，用刀处理、调味腌制或制成半成品，然后通过一定的方式加热至熟成菜。

⑬ 煸：锅内放少量油，再把食物放入锅内，不停以锅铲翻炒，以小火将食物水分煮干并调味。

⑭ 炖：炖和烧相似，但炖制菜的汤汁比烧制菜的多。炖先用葱、姜炝锅，再冲入汤或水，烧开后放入经过炸或出水处理的主料，先大火烧开，再小火慢炖。炖菜的主料要求软烂，一般是咸鲜味。

⑮ 熬：熬做法与炖相同。葱、姜炝锅，先加入主料煸炒，然后再冲入汤或水。熬比炖的汤汁要多，而且不勾芡。熬多是切碎且较为复杂的食物，汤汁熬稍干至稠。

⑯ 蒸：将经过调味的食物放入蒸笼内，要盖紧锅盖，用旺火或中火加热，使食物熟嫩或酥烂的一种烹饪方法。蒸的食物比煮的食物清鲜，并可保持食物原形、原味。

⑰ 汆：上面是“入”，下面是“水”，合起来表示“（把东西）放入（沸）水中”。汆菜的主料多是细小的片、丝、花刀形料或丸子，下入开水锅中后，旺火汆熟，成品汤多。汆是汤菜的主要做法。

⑱ 涮：涮与汆略同，但涮是用火锅器具，食客自己将切好的鲜嫩无骨的原料薄片或细长丝食物，用筷子夹住，放入沸汤中涮至断生捞出，佐以事

先兑好的调味汁食用的一种烹饪方法。

⑲ 煮：煮和氽相似，但煮比氽的时间长。煮是把主料放于多量的汤汁或清水中，先用大火烧开，再用中火或小火慢慢煮熟的一种烹饪方法。

⑳ 焯：北方说焯，广东说白灼。把食物在沸水中迅速煮一下，刚熟即可，捞出后加调味料。菜肴无汁、无芡，特别鲜嫩、爽脆。

㉑ 烩：烩是将汤和菜混合起来的一种烹饪方法。将主料（多非单一主料）均加工成片、丝、条、丁状，有的要先经其他烹饪方法处理后再改刀成形，用葱、姜炝锅或直接以汤烩制，调好味再用水淀粉勾芡。烩菜的汤与主料相等或略多于主料。

㉒ 煨：煨是利用姜、葱和汤水使食物入味及辟去食物本身异味的加工方法。食物连同汤水放入密封的瓦坛中，用文火致熟，使食物酥软；或放入砂锅中加适量的汤水和调料，用旺火烧开，撇去浮沫后加盖，改用小火长时间加热，直至汤汁黏稠。

㉓ 炝：炝是先烹后调，食材不经煮过，只用酒、醋或味浓的调味料把生的食材焖煮至快熟，再加上盐、味精、花椒油等拌和的一种冷菜烹饪方法。

㉔ 熏：把调味过的生或熟的食物，放在架上用烟熏，四周密封，使烟及热气慢慢将食物烤熟、上色，增加特有的香味。烟熏的材料有木屑、米糠、茶叶、糖、甘草、茴香末等，置于烧红的木炭上即可发烟。

㉕ 卤：卤以香辛料为主，加入葱、姜、酱油、酒、水等，再将食物加入卤汁中慢火煮之，着色入味。卤制后的食物味重色深，若能保留老卤汁，则卤的食物更入味。

㉖ 冻：冻是一种冷菜烹饪方法，主要利用原料中的胶原蛋白经过蒸煮之后充分溶解，冷却后能结成冻的原理。

㉗ 拔丝：拔丝是将糖（冰糖或白糖）加油或水熬到一定的火候，然后放入炸过的主料翻炒，吃时能拔出细糖丝的一种烹饪方法。

㉘ 蜜汁：蜜汁是把糖和蜂蜜加适量的水熬制而成的浓汁，浇在蒸熟或煮熟的主料上的一种烹饪方法。

㉙ 扒：扒是将使用其他方法加工成熟的主料（整只的鸡、鸭，整棵的蔬菜，肉条）整齐地放入锅中，加入汤水和调味料，小火烹制收汁而保持成菜原形的一种烹饪方法。扒菜讲究刀口和勺工，因菜形完整且趴伏于盘中而得名。

㉚ 扣：主菜处理好依序装入碗内不使其散乱，上放佐料及调味品，入蒸笼蒸熟，吃时倒扣在盘上。

㉛ 煲：将食物放入盛有大量清水的锅中，置于炉火上慢火炆熟并得出汤水的烹饪方法。煲制好的食材酥烂入味，汤品醇厚鲜香，常用于烹制难熟透的食材。

㉜ 糟：比较常见的有香糟和红糟。绍兴与杭州所产的糟，又称为香糟，是以小麦与糯米加工而成的调味料；将香糟与黄酒、白糖、桂花一起浸泡数日，用纱布滤去残渣，剩下的液体即为香糟酒。香糟具有独特的香味，主要用于烹饪肉类。红糟为福建特产，以糯米为主材料。糯米蒸熟并发酵后，再过滤，糟液呈鲜红色，有酒味及独特芳香，用来调味，色美观而香味隽永。以红糟调味是闽菜的特色。

㉝ 瓤：瓤又称酿，是把配料加工成泥、茸、丁、丝等状，加入调料搅拌成馅，瓤入挖空的（或主料自身的空间）主料中，再蒸或者烧，最后浇汁即成。

㉞ 卷：卷是以菜叶、蛋皮、面皮、花瓣等作为卷皮，卷入各种馅料后，裹成圆筒或椭圆形，再蒸或炸的一种烹饪方法。

㉟ 腌：腌是一种冷菜烹饪方法。将原材料放入洗净沥干的容器内，在调味卤汁中浸渍，或者用调味料涂抹、拌和原材料，使其部分水分排出，从而使味道渗入食材当中。

㊱ 拌：拌是常见的冷菜制作方法，操作时把生的原料或放凉的熟料切成丝、丁或者片等形状，再加上各种调料，拌匀即可。

㊲ 炟：将蔬菜放入添有陈村枧水或生油的沸水中用慢火煮透，使蔬菜软脍并保持翠绿的加工方法。

㊳ 羹：羹又称糊或浓汤，是指将切成丁的食物放入沸汤煮后，徐徐加入湿生粉，使汤水溜成糊状的烹饪方法。

第 2 章

▶▶ 中国饮食文化的发展历程

中国饮食文化经过了漫长的发展过程。以生产力水平和烹饪技术水平为标准，可将中国饮食文化分为史前熟食、陶器烹饪、青铜器烹饪、铁器烹饪等；以饮食发展的进程为标准，可将中国饮食文化分为萌芽时期、形成时期、发展时期、成熟时期、繁荣时期等；以历史年代为标准，可将中国饮食文化分为史前时期、夏商周（春秋战国）时期、秦汉至唐宋时期、元明清时期、辛亥革命至今。为方便叙述和读者理解，现以不同历史年代为线条，介绍中国饮食文化的发展历程。

1. 史前时期

在人类数百万年的进化过程中，火的应用是一次伟大的飞跃。在周口店北京人遗址上就发现了用火的痕迹，表明在旧石器时代，人类就掌握了用火方法。早期人类用火驱赶猛兽，在冬季抵御严寒，火给洞穴中带来光明，人们可以用火烧烤食物。但那个时候人类依赖的是天然火种，还无法人为制造火种。后来，人类通过长期的实践认识到通过摩擦或烁石相互敲击产生的火星可以点燃易燃物质，从而发明了人工取火。这一发明使人类对用火有了驾驭能力，使人类改造自然的能力有了极大的提高，也为人类食用熟食提供了充分有力的保障。用火制作熟食是人类从野蛮走向文明的标志之一，它结束了人类茹毛饮血的生活状态，使人类身体素质和智力得到更迅速的提高，同时也孕育了原始的烹饪。

将食物直接放在火上烧、烤、烘、熏至熟的过程，称为“火烹法”；之后人类利用传热原理发明了“石烹法”和“包烹法”。用火制作熟食催生了多种原始烹饪方法。火的应用更促进了陶器的诞生，为人类烹饪技术的第一次飞跃打下了物质基础，人类进入“陶烹”阶段。

从旧石器时代进入新石器时代，在中国大地上的先民不仅掌握了人工取

火，还在采集果实的过程中认识了许多可以食用的植物，出现了原始农业。他们将农业种植所依赖的土壤与火相结合，用水和泥混合塑成各种形状的器物并在火中烧制出来，由此发明了陶器。陶器的发明有多种传说，如黄帝制陶、神农制陶等，但实际在黄帝、神农之前的先民就已经制造出各种各样的陶器了，只不过新石器时代早期的陶器比较原始，如在距今约 8000 年的裴李岗文化遗址和磁山文化遗址中出土的陶器就比较粗糙，但在黄帝、神农时期的龙山文化遗址中出土的陶器质量则有了明显提高。用陶器盛装食物即有了盛具和饮食器具；用陶器加热制熟食物便产生了炊具。陶器可加水煮食物，集中火力节省燃料，使食物速熟。

陶器出现后才产生了具有完备意义的烹饪。伏羲氏、炎帝、黄帝、尧帝对中国饮食的形成做出了巨大贡献，有许多关于他们的传说，如伏羲氏首创烹饪，“结网罟以教佃渔”“养牺牲以充庖厨”；黄帝兴灶作炊，尊为灶神，灶可以“蒸谷为饭，烹谷为粥”；神农氏尝百草，发掘草蔬，开创古医药学，发明耒耜，使人们学会种植与收割，农业开始发展，中国进入“耕而陶”时代；到了尧帝时期，有个叫篯铿的厨师，厨艺非常好，而且还擅长做养生汤，他做的养生汤还治好过尧帝的病，尧帝非常高兴，把彭城（今江苏徐州）封给了他，于是人们称呼他为彭祖。

在中国饮食文化的萌芽期，中华先民已从完全依赖自然采集、渔猎跃进到农耕和畜牧，饮食生活发生了明显变化。陶制的炊餐器具基本齐备，用作炊具的有罐、釜、甑、鼎、斝、鬲、簋、甗等，其中甑用于蒸饭，鬲用于煮烧，簋用于烧水，鼎为釜与灶的结合，甑有孔可放在釜或鬲上蒸煮食物，甗为甑与鼎、鬲结合的连体形器，用于蒸煮食物；用作餐具的有碗、盘、杯、钵、壶、豆、盆、缸、瓮、簋、瓶等。

新石器时代人们逐渐掌握了种植谷物和养殖禽畜的技术，黄河流域和长江中下游的农业和畜牧业有了一定的发展，但这一时期主要还是采集、渔猎与农耕、畜牧并重。饲养的畜禽以猪、狗为主，兼有一定量的牛、羊、鸡、马，基本上六畜齐备。新石器时代后期文化遗址中发现野生动物的遗骨逐渐减少，表明人类获取动物源性食物越来越依靠饲养家畜、家禽。人们种植了五谷即稷（小米）、黍（黄米）、菽（豆）、稻、麦，种植了芥菜、白菜等蔬菜。采集、渔猎与农耕、畜牧并用极大地丰富了食物品种。食物原料来源相对稳定，为中国饮食文化萌芽的出现提供了物质条件，同时奠定了中华民族以粮食为主食，以蔬菜和肉类为副食的饮食格局。

由于物产愈加丰富且供应相对稳定，新石器时代人们的烹饪方式不断增多，烹饪技艺不断提高。另外人类应用最早的调味料——食盐开始出现，人们学会了“煮海为盐”。传说黄帝之臣夙沙氏最早煮海水取盐。盐的出现促进了中国饮食文化中占重要地位的调味思想和实践的产生。

新石器时代人类还发明了许多对食物原料进行初步加工的工具，如石磨盘、石磨棒、石臼、石杵等可用来碾磨粮食，另有磨制的石刀、贝刀、骨刀以及陶刀、陶釜、俎案等。

2．夏商周时期饮食文化

夏商周时期，农牧业的发展为人们提供了丰富的食物原料，商业、手工业的发展为人们提高烹饪技艺、形成饮食市场创造了条件。特别是此时期青铜食具的大量出现，在中国饮食史上具有划时代的意义，中国从此进入了饮食文化初步形成的时期。

农业出现是人类发展史上的一大进步。在漫长的生活实践中，人们逐渐发现采集来的植物果实可通过种植收获更多植物源性食物，猎获的禽兽可通过饲养繁殖得到更多动物源性食物，不管是耕作或饲养动物，都可以通过劳动而获得较稳定的食物来源。由此，随机采集模式便逐步发展为农牧结合的稳定原始农业形态。

夏商周的统治者大多十分重视农业生产，农业生产有了很大的发展。《论语·泰伯》和《国语·周语》中说大禹“尽力乎沟洫”，大禹大力治水，减少洪灾，而且还引水灌溉农田，以至“养物丰民人”。商朝时，农业生产已经成为社会生产的主要部门，甲骨文中大量记载了当时的农事活动，卜辞中经常出现“受年”“受稻年”“受黍年”等词语。商王还亲自视察农作，进行农业祭祀活动，还令官员监督农耕。当时的五谷等农产品有较多的剩余，盛极一时的酿酒和嗜酒之风从侧面反映了当时农业生产的情况。西周时，周天子每年在春耕农忙时要举行“籍礼”。“籍”，借也；“籍田”是指古代天子、诸侯征用民力耕种的田。每逢春耕前，天子、诸侯躬耕籍田，表示对农业的重视，并有劝率天下、勉励务农之意。春秋战国时期，各国为了富国强兵、称霸天下，更加重视农业。齐国宰相管仲就在《管子》中说：“农事胜则入粟多，入粟多则国富。”这些都极大地促进了农业的发展。另外，由于耕作技术（耦耕）的进步和金属（青铜）农具的逐步应用，农作物的品种和产量都有了增加。

农业生产的进步也促进了畜牧业的发展。畜牧业在夏商周社会经济部门

中占有举足轻重的地位。夏朝有专门从事畜牧业的人和部落。古书有“莱夷作牧”的记载，“莱夷”就是畜牧部落之一。“六畜”在商朝已经具备，为民众所食用，还用于祭祀。商朝崇尚“国之大事，唯祀与戎”，卜辞祭祀用牲名目繁多，有太牢（牛、羊、猪）和少牢（羊、猪），使用量大，一次百头以上者不乏其例。周人虽然以农业发迹，但畜牧业在周代经济生活中仍很重要。《诗经》中有一首《无羊》，谓“三百维群”“九十其犉”，反映的是当时畜牧业生产的情况。而《周礼》则记载了组织严密、分工细致的牧场。

手工业是指依靠手工劳动、使用简单工具的小规模工业生产，开始时从属于农业，主要表现为家庭手工业。原始社会晚期手工业脱离了农业，形成独立的生产部门。在夏商周时期，手工业分工和技术日趋精细，品种不断增多，以青铜铸造业为代表的手工业专业化程度很高，玉器、骨器、陶器等手工业生产也达到相当的规模。从使用石器、木器到制造青铜器，食具也不再限制于陶土烧制或者自然工具，而是出现了大量的金属制品。殷墟出土的青铜器中除礼器、兵器外，还有酒器、蒸煮器、盛食器等。西周青铜业进一步发展，产品趋向生活化，且数量增多。

随着农业、畜牧业和手工业的发展，剩余产品逐渐增多，人们开始互相交换不同的产品，进而产生商业贸易，出现了市场。进入商朝后，都城商业繁荣，有“商邑翼翼，四方之极”之称，至今有因商民善于经商，称为“商人”的说法。商朝时开始使用玉、贝作为货币。西周时，商业已成为社会经济不可缺少的部门。商贸的品种有农作物、牛马和兵器等。西周的货币除贝外，已开始出现铜币。大梁、邯郸、临淄、郢、蓟等城市成为当时著名的商业中心。商业繁荣后，随之市场贸易、市肆饮食也就相应兴旺起来，这就给饮食业提供了物质条件和经营对象，这也是中国饮食文化初步形成和发展的重要条件。

夏商周为中国饮食文化初步形成时期，几乎与中国奴隶社会的产生、发展与衰亡相平行。该时期不仅在炊餐器具、食物原料、饮食品制作等物质财富的创造上有了新的变化，在饮食思想与理论、饮食制度与礼仪等精神财富上更有创造性的变化。主要体现在以下几个方面。

炊餐器具种类多样。炊具有青铜的鼎、镬、甑、罐、釜、鬲、甗等；餐具有碗、盘、杯、钵、壶、豆、盆、缸、瓮、簋、斝、瓶等；切割器或取食器有刀、俎、匕、箸、勺等；盛食器有豆、盘、敦、簠等；盛酒器有爵、角、瓿、斗、舟、觯、杯等。鼎不仅是炊餐具，而且是礼器，更是权力和地位的象征。青铜器主要供上层贵族使用，平民仍主要使用陶器。另外还有以玉石、牙骨、竹木为原料制作的炊餐器具。

食物原料增加迅速。食物原料以种植、养殖为主。种植、养殖所提供的产品已成为主要的食物来源。周朝时五谷、五菜、五果、六禽、六畜齐备。谷物有稷、黍、麦、菽、稻、麻等；蔬菜有瓜、瓠、葵、韭、芹、芥、藕、芋、蒲、莼、莱菔、菌等；果品有桃、李、枣、榛、栗、枸、杏、梨、橘、柚、桑葚、山楂等；家禽、家畜有马、牛、羊、犬、猪、鸡、鹅、骆驼等。

“五味”已基本成形。咸味调料有盐、醢、酱、豆豉等；酸味调料有梅、醯（醋）等；甜味调料有蜂蜜、饴糖、蔗浆等；辛味调料有花椒、姜、桂、蓼、蘘荷、蒜、薤（藠头）及芥酱、酒等；苦味调料已被认可，但还没出现常用的品种。

烹饪技艺形成初步格局。夏商周时期，人们不再是简单制作食品，从选料、切配料、加热、调味到造型、装盘等各个环节都十分讲究，形成了烹饪技艺的初步格局。选料上日渐严格，注意按时令和卫生要求等选择原料。切配上，刀工日益精湛，注意分档取料和按需切割；配菜日趋合理，注意按季节和原料的性味搭配；加热和调味及烹饪方法上有所增加，调味理论日渐增多；已能运用文火、武火，并且在改进烧、烤、煨、熏等直接用火和水煮、汽蒸等水熟法的基础上，创造出油熟法和物熟法两类烹饪方法。

饮食品分类细化，呈现出明显的地区特征。当时的饮食品已分为食、饮、膳、馐、珍或饭、饮、膳、酒、馐等类别。食类有黍、稷、菽、麦、稻、麻等；饮类有水、浆、醴等；酒类有事酒、清酒、昔酒等；膳类有牛、羊、猪的炙、脍，以及雉、兔、鹑等；馐类有鸡、鱼、犬、兔制作的羹和蜗醢、濡鸡、濡鳖、麋腥及各种果品等。

饮食市场雏形出现。在商朝的都邑市场上已开始出现饮食店铺，出售酒肉饭食，有饮食品的经营者、专业厨师与服务员。当时，朝歌屠牛、孟津市粥、宋城酤酒、齐鲁市脯等，均是有影响的饮食品经营活动。西周时商业发展较快，出现了供人饮食与住宿用的综合性店铺。

饮食著述开始问世。涉及烹饪技术的著述有《吕氏春秋·本味篇》，其中记载了商朝开国名相伊尹用烹饪至味谏说商汤的故事，首创中国烹饪的“本味”之说，详细记载了用水、用火、调和等与肴馔烹饪成败的关系，是世界上最早的较完整的烹饪技术理论著述。伊尹不仅是辅佐商汤推翻夏朝建立商朝的大功臣，而且在烹饪界被尊为“厨祖”。

3．秦汉至唐宋时期的饮食文化

从秦朝开始，中国进入封建社会，到汉朝达到中国封建社会发展的第一个高峰；后经历魏晋南北朝的长时间分裂，隋朝又重新统一，唐宋成为封建社会发展的两个高峰。其间，政治、经济、文化高速发展，中国饮食文化也进入蓬勃发展时期。

（1）秦朝饮食文化

秦朝在完成统一大业后，在中央设三公九卿，管理国家大事；地方上废除分封制，代以郡县制；实行书同文、车同轨、统一度量衡。中央集权制度的建立，奠定了中国 2000 余年政治制度的基本格局，奠定了中国大一统王朝的统治基础，对中国历史产生了深远影响。秦朝虽然存在的时间很短（前 221—前 206），但在中国饮食文化历史上的影响不容小觑。

秦朝重视农业生产，当时的农作物品种很多。粮食以五谷为主，副食包括肉食、蔬菜和水果三大类。秦朝时牛肉基本不会出现在餐桌上，因为那时对耕牛的保护非常严格，牛是极其重要的生产工具，私自宰杀耕牛是犯法行为。秦朝的蔬菜有葵、藿、薤、葱、韭等，葵菜就是现在的冬苋菜；藿是大豆苗的嫩芽，而薤则是现在南方常用来腌渍的藠头；葱和韭和现在的葱、韭一样。水果种类因南北方地理环境差异而不同。北方的水果主要有梨、栗、枣等；而南方多为热带和亚热带水果，如柑橘、荔枝、橙、柚、杨梅等。桃、李则在南北方都有种植。秦朝调味料有盐、麦芽糖、蜂蜜、醋、梅、野花椒、姜、蓼、茱萸等。

秦朝主食的烹饪方式主要有煮、蒸和炒。煮即煮粥，蒸即蒸饭，炒即将米炒熟。除此之外，主食尚有饼。饼是早期面食的总称，其做法与后世不同，乃是将麦或米捣成粉后，加水团成饼状，入开水锅煮熟。秦朝副食的烹饪沿袭了周代的烹饪技法，主要有烹、炙、蒸、炰（炮）、捣、燔、烩、羹、脯、腊等。

秦朝时期，由于统一六国，南北饮食文化的交流有了较快发展。秦国的统一大业进行到后期，秦军将中原地区先进的烹饪技术和器具引入岭南，结合当地的饮食资源，使“飞、潜、动、植”皆为佳肴，并流传至今，形成兼收并蓄的饮食风尚，产生了至今在中国饮食文化中具有重要地位的粤菜。

（2）汉朝饮食文化

刘邦于公元前202年战胜项羽并称帝建立汉朝。汉朝是当时世界上具有先进文明的强大帝国。华夏族自汉朝以后逐渐被称为汉族。汉朝在科技领域也颇有成就，如蔡伦改进了造纸术成为中国四大发明之一，张衡发明了地动仪、浑天仪等。

汉朝在中国饮食文化发展史上具有重要地位。汉朝从建国以来，采取了一系列恢复生产的措施，“与民休息”，重农业、减劳役、轻税赋，从而促进了农业的发展，工商业也随之活跃起来，为饮食业的繁荣和发展提供了良好的基础。汉朝时改进了炉灶，出现了面食工具，并将红案（肉类食物）和白案（面食类食物）进行分工，制瓷技术有了提高，发明和使用了铁制的炊具和工具，发明了豆腐，开始使用植物油，出现了新的调味料，在烹饪上进行了技术创新。另外，由于丝绸之路的开通，大量西域的食材进入了中原地区，也带来了西域的烹饪方法、技术和饮食习俗，所有这些都极大地推动了汉朝饮食文化的繁荣和发展。

汉朝的炉灶呈长方体，前有灶门，后有烟囱，灶面有大灶眼一个，后跟小灶眼1~2个，这样在大灶眼煮饭做菜的同时，小灶眼也可以利用余热进行一些需要热量较少的烹饪，或是烧水等。大小火眼炉灶的发明，使热量得到充分利用，节省了烹饪时间，提高了效率。这种炉灶在中国延续了近两千年，对中国饮食的发展起到重要作用。

除了炉灶，还出现了加工面食类食物的工具，如蒸笼、烤炉、石磨、筛、箩等。这些工具的出现以及红案和白案的分工，促进了面点制作技术的发展。汉朝的面点在发酵、制作面团、成形、调味、成熟等方面都有了比较大的提高。汉朝时已出现酸浆和酒酵两种发酵方法，也已经有了冷水、热水、蜜糖和牛羊脂膏等调制的面团，已能用各种手法和模具将面团制成各种美丽的形状。面点的调味技术进步也较快，将调味料分别掺和到面团中、馅中和烹制的汤汁中，面点的口味丰富起来。水煮、蒸、煎、炸、烤等方法的介入，使一大批在烹饪史上有重要意义的名面点，如汤饼、胡饼、蒸饼等得以出现。

汉朝进入了由陶器、原始瓷器向瓷器过渡的时期。汉朝早期的原始瓷，质量较先秦有明显的提高。这时的餐具有鼎、壶、敦、盒、罐等。西汉晚期，鼎逐渐消失，壶、罐、盆、勺增多。东汉晚期，制瓷技术又有了提高，这时的餐具瓷胎较细，釉色光亮，釉胎结合较紧。

汉朝是铁烹时代的开始时期。尽管早在战国至秦代已有冶铁技术，但那时技术还不够发达，铁资源非常珍贵，冶铁业是以制造兵器、农具为主。汉朝有生铁铸的鼎、釜、甑、炉等器具，铁制的炊具传热更快且经久耐用。汉朝还出现了铁煅的厨刀，庖厨们用锋利的厨刀很容易在较短的时间内将肉类食物切成各种形状，以满足烹饪之需。汉代铁制炊具、刀具的发展和应用，为烹饪技术的发展提供了有利条件，对中国饮食文化的繁荣和发展产生了深远影响。

西汉时期淮南王刘安发明了豆腐。豆腐含有丰富的植物蛋白、维生素、异黄酮、不饱和脂肪酸、矿物质等营养素，不仅使豆类的营养易于消化吸收，而且使豆类和豆制品广泛地运用于各种传统菜肴的制作中，深受大众喜爱。豆类是中国饮食中的一种重要素食原料，特别是在佛教饮食中具有重要地位。

东汉还发明了植物油。植物油的使用在中国饮食文化的发展中有极其重要的作用。植物油有麻籽油、菜籽油、胡麻油、大豆油、杏仁油等。相比动物油脂，植物油更易通过扩大种植面积和提高产量而大量获得；而且植物油比动物油沸点更高，烹饪时的温度升高，更能提升食物的香气与口感，日后出现的爆炒等技法必须依靠较高的油温才能得以实现。

调料的五味主要包括酸、苦、辛、咸、甜。五味之中，咸居首位，汉朝的调味料有盐、酱、葱、姜、蒜、饴、蜜、油、酒等。汉朝用盐，除了将其直接用于烹饪，还将其掺入豆、肉等食物中制成酱来食用。最早的酱油是用肉做的，后来改用豆等植物原料制造。梅除了做水果食用，还具有调味的作用。汉朝将“酰酢”作为重要的酸性调味料，也就是后来醋的前身。汉朝食用的甜味调味料有两种：饴和石蜜。其中，饴主要由粮食作物制成；石蜜是一种外来食物，实则就是一种用甘蔗汁熬成的糖块，东汉晚期时技术才逐渐成熟。

汉朝的烹饪已较成熟。在选料时已注意随季节选料，在不同的季节选用不同的原料。菜肴原料的搭配上开始重视颜色、质感、口味、形状以及荤素等方面的结合。菜肴的刀工也比较讲究，出现了多种刀具和刀法，例如，平刀法、直刀法等，原料通过刀具处理出现了多种形状。在烹饪技法上，新的烹饪方法脱颖而出，铁制炊具的出现使原有的用羹、脯、炙等烹饪方法制作菜肴的品种有了较大的增加，新的烹饪方法如烩、炒等在汉朝也广泛地用于烹饪中。在火候上，已经注意调节火力强弱，如以“微火”“缓火”“逼火”

"急火"来烹制用火要求不同的原料，还注意掌握用火的时间。

汉朝为饮食文化大交流时期。各民族和地区间出现了原料、物产和技艺方面的交流，尤其是丝绸之路的开通，给汉朝和西域各国提供了交流的平台，一些现在餐桌上还占有重要地位的食品，就是从那个时候进入中原的，如苜蓿、菠菜、芸苔、胡瓜、胡豆、胡荽、胡萝卜、茴香、芹菜、扁豆、莴笋、葡萄、西瓜、石榴、胡桃（核桃）、甜瓜、胡椒、芝麻等。除了各种食材，从西域传入的还有许多烹饪技巧、方法和习俗。这些都极大地丰富了汉朝的饮食文化。

胡床传入中原之前，中国人基本是席地而坐就食。东汉以后，胡床作为一种坐具由西域和北方游牧民族传入中原，并逐渐被广泛使用。胡床就是现在的马扎，可张可合，张开可作坐具，合起来可提可挂，实用方便。由于坐胡床必须两脚垂地，这就改变了传统跪坐的姿势，是中国人生活方式包括饮食方式上的巨大变化。

大量出土的汉画像石生动地展现出汉朝的饮食场景，有宫廷宴席、贵族宴饮、百姓日常饮食等，有厨房的布置、炊具餐具、制膳原料以及厨师的具体操作等，是汉朝饮食文化的真实记录。汉画像石中对庖厨、宴饮的描绘，内容包括人物神态、食品种类、烹饪方式、炊具和餐具以及宴饮中的礼仪，无不生动直观地表现出了汉朝饮食文化的多姿多彩和丰富内涵。

在江西南昌汉代海昏侯国遗址博物馆的文物中，与饮食相关的器具数量很大，有1500余件之多。"青铜火锅""蘸料碟""烤炉"等颇具现代感的饮食器具"脱颖而出"，海昏侯墓中出土的大量食器和酒器，见证了西汉贵族在饮食方面的风雅与精致。那时人们就有烫火锅、蘸脯酱、吃烤肉、饮美酒、分餐而食等饮食习惯。从海昏侯墓中可见汉朝饮食文化之丰富发达。

（3）魏晋南北朝饮食文化

魏晋南北朝是中国历史上分裂大于统一的动荡时期，政治上出现了民族大融合的新现象，经济上出现了江南地区被逐渐开发的新局面，思想上出现了儒家传统思想被动摇、多种思潮并存的新气象。这一时期，也是我国各族人民饮食文化大交流、大融合时期。大量北方游牧民族迁徙至中原地区，而中原地区的世族和平民大量南迁。人口流动量大带来了不同的民族之间饮食文化的深度交融，每个民族都积极吸收其他民族的饮食特色，形成了更加丰富的饮食文化。魏晋南北朝时期饮食文化的交流与融合，深刻地影响了中国饮食文化。

食品种类和食品制作技术出现深度的交流与融合。南方向北方传播水稻、鱼等水生食物，北方为南方带来粟、肉、奶制品等。大量北方汉人及少量游牧民族南迁后，带去了北方的先进农耕技术、烹饪技术及畜牧养殖技术，使得南方经济包括畜牧业得到了迅速的发展；胡饼等面食、牛羊肉及奶制品也慢慢被南方地区的民众所接受，并得到普及。南方的水产也逐渐被迁徙至中原的游牧民族所接受，成为其日常食用的食材之一。他们迁入中原地区后，逐渐结束了游牧生活，过上了固定的农耕生活，并接受汉族的饮食礼仪和众多蔬菜水果，学习种植水稻、小麦、粟等。随着大量人口的南迁，南方的烹饪方式受到了很大的影响，从简单的蒸、煮发展到蒸、煮、炮、煎、炙、烩、炸、烧、炖等，有将近三十多种烹饪方式，尤其对肉类的烹饪技法有了很大的提升。不同民族之间烹饪方式相互融合，形成了不少新的烹饪技法。

由于食品种类和烹饪方式的增多，大量记载饮食文化的书籍出现，如《崔氏食经》《食经》《服食杂方》等。这些书籍很好地记录了魏晋南北朝时期南北方相互交融的饮食文化，总结了南北方不同的烹饪经验，记载了南北方食品的生产、加工、烹饪与食用知识。这说明了当时人们对饮食的重视，从侧面表现出了那个时期丰富的食材和较高水平的烹饪技术。

饮食养生盛行。魏晋南北朝时期，政权更替，生命无常，使得文人雅士开始关注个体生命的价值与尊严。在大动荡、大混乱的社会背景下，随着门阀制度的出现，士人对社会现实感到失望，不愿意参与到政治斗争中去，玄学兴起，加之受道教“长生不老”思想的影响，于是一部分人便归隐于深山老林之中，或寄情山水，或沉迷于酒肉享乐，追求极致美味的食物，对食物的制作技艺以及品类的多样性提出了更高的要求。还有一部分人寻求保养天年的养生保健之道，食馔的内容和形式丰富，追求“医食同源”“药食如一”的烹饪方法。这种养生方式出现后，逐渐演变成魏晋南北朝时期一种十分盛行的社会风气。

佛教兴盛，素食成为一种时尚。由于持续的战乱，社会混乱，政治黑暗，人民深陷于水深火热之中。战乱带来的流离失所及心理伤痛都导致人们需要心理慰藉，而原来占据主导地位的儒家思想因无法解决社会问题逐渐被冷落，这为佛教的传播和发展提供了契机。大量民众信奉佛教，甚至一些帝王也成为佛教徒。南北朝时期佛教发展尤盛，出现了“南朝四百八十寺”的局面。日益兴盛的佛教主张不食肉，不饮酒，提倡素食，忌五辛饮食。梁武帝尊崇佛教，颁布了《断酒肉文》，规定僧侣食酒肉将按律法处置，要求宗庙祭祀以面粉类食物为主，以素托荤，食素开始成为汉传佛教徒必须遵守的戒律。梁武帝与佛家弟子一样茹素，还发明了面筋（原称麸）食物。玄学的清谈与素食的清淡不谋而合，素食成为这一时期士大夫极为推崇的饭食。

（4）隋朝饮食文化

隋朝是中国历史上上承南北朝，下启唐朝的大统一朝代。隋朝在政治、经济、文化和外交等领域进行了大改革。政治上初创三省六部制，巩固中央集权，正式推行科举制，选拔优秀人才，弱化世族垄断仕官的现象，建立政事堂议事制、监察制、考绩制，强化了政府机构，兴建大运河及驰道改善水陆交通线，推行并完善府兵制，实行均田制并改定赋役。隋朝虽然国祚短暂，但是在政治、军事、经济、文化、历史等诸多方面的贡献都是巨大的，这些贡献为唐朝的强盛奠定了基础。

隋朝地域辽阔，气候多样，自然资源丰富，因此，食材的种类非常丰富。除了传统的五谷杂粮、禽畜鱼肉和蔬果之外，还有大量的野味、海味和名贵珍品。不仅大城市有酒楼饭店，乡村集镇也有很多独具风味的特色菜馆，一些交通要道两旁设有小吃铺，供路人之需。隋朝的贵族、官僚和富商阶层都非常喜欢品尝各种珍馐佳肴，更加推动了菜肴的发展和创新。隋朝时期，烹饪技术得到了大幅提高，推动了许多烹饪方法的创新，如烹制肉类的炖、煨、烤等技法，烹制海味的蒸、煮、炒等技法，以及使用各种调味料等，使得隋朝的菜肴更加多样化、精细化，味道更加鲜美。人们对于菜肴的外观非常讲究，追求菜肴色、香、味、形的完美结合，使得菜肴不仅在口感上美味，而且在视觉上也能给人以美的享受。因此，隋朝菜肴的装盘和摆放非常讲究，一些菜肴甚至可以做成生动的禽兽形状或花鸟图案，非常具有艺术性。隋朝的宴席规模非常庞大，有时候可以邀请几百人甚至更多人参加。这些宴席除了提供各种美食佳肴，还注重礼仪和场面的烘托，如宴席上的音乐、歌舞等活动，增加了宴席的欢乐气氛。

在中国长达 2000 多年的封建社会时期，漕运都是最重要的运输方式。不过，由于中国的大江大河多为东西走向，为了南北通衢，隋炀帝倾尽国力，将前世所留的诸多运河开凿疏浚，就成了如今京杭大运河的早期雏形，史称隋唐大运河。大运河的开通，使南北物资交流更加便捷，促进了南北经济、文化的交流和发展，饮食文化也发生了改变。从主食方面来看，南方以水稻为主，北方以麦、粟为主，随着南北漕运的发展，后期稻米也大量在北

方出现，成了北方居民常吃的主食，破除了面食作为北方居民主食的单一形态。而饮食文化上的改变，进一步强化了南北方民众的国家归属感。

大运河的开凿将长江、淮河、泗水、汴水全部贯通，极大地促进了南北货物、人员、文化（包括饮食文化）的交流，促进了运河沿岸地区经济和社会的发展，南北饮食文化汇于扬州、淮阴（安）等运河沿岸重要城市，使扬州、淮阴（安）的饮食文化蓬勃发展，并兼收南北风味之长，自成一格。大运河的开通，对淮扬菜的影响可谓极其深远。

（5）唐朝饮食文化

唐朝是中国古代历史上政治昌明、经济繁荣、文化丰富的辉煌时期。大唐疆域辽阔，四海通达，较完善的政治制度使唐朝的社会经济有了较大的发展，也使得唐朝的饮食文化呈现出前所未有的繁荣局面。唐朝各大城市中酒肆饭馆林立。不同地域、不同风味的酒肆歌楼，汇聚四海不同的食材，兼容并蓄的烹饪风格，带来了前所未有的多元化美食。社会物质富足，人们开始追求优质的生活，这表现在饮食制作的精细化、多样化和高品质等方面。唐朝是一个多民族的国家，各民族之间相互交流，互相影响。丝绸之路的畅通，促进了中西方文化包括饮食文化的交流与融合，使唐朝的饮食文化变得更加丰富多彩。唐朝的饮食文化在借鉴和吸取外来饮食文化的基础上，不断地创新、丰富和发展，是我国饮食发展史上的一座高峰，深刻影响着我国后来饮食文化的发展。

唐朝的饮食文化总体特征是“胡化、养生化、宗教化和艺术化”。胡人是我国古代对北方边地及西域各民族的称呼。大量外来人口的涌入，不仅带来了胡人的音乐、舞蹈、马匹、服饰，同时也带来了风格迥异的饮食文化。唐朝上流社会出现了一股“胡化”风潮，王公贵族争相穿胡服、学胡语、吃胡食，并以此为荣。上行下效，“胡化”风潮很快流行于民间。当时的长安，胡人开的酒肆较多，他们开设的酒肆中，侍者多为能歌善舞的西域女子，故称“胡姬酒肆”。酒肆中有各式各样的美酒佳肴，以及优雅的音乐、歌舞。很多唐诗就描写了这些独特的具有异国情调的胡姬酒肆及文人墨客在其中饮酒寻欢的盛况。

在中华文明5000年的历史上，儒、释、道对中华文化的影响最为深远，而唐朝时期，儒、释、道的发展也极为繁盛，儒、释、道三教并行，各种文化相互争鸣，共同发展，极富活力。唐朝君王尊道家老子为先祖，极力扶持道教，道教借助皇权迅速发展。作为本土宗教，道教尤其注重养生调和。养生是最容易和饮食联系在一起的理念之一，道教的广泛传播让很多小众的养生饮食传入了千家万户。食疗成为治病强身的重中之重，最明显的便是药膳和药酒的兴起。另外，食补的理念也受到越来越多医者的认同。由于统治阶层的推崇，佛教文化也深深影响了唐代文化的各个层面，而佛教饮食上的独特形式——食素成了佛教信徒们的一个饮食标签。按照佛教教义，佛教徒多以普度众生为己任，在灾荒之年及佛教节日时，常常会施舍一些饮食给贫穷的老百姓。而一些世俗的佛教徒为了表明自己的信仰，也常常用斋饭供奉寺院僧人。久而久之，潜移默化的食素用斋风气成了人们生活的一部分，求福行善成为一种时尚。受佛教的影响，唐朝的饮食有着强烈的佛教色彩。此外还有西域传来的各种宗教，可谓是百花齐放，百家争鸣。宗教文化的繁荣也影响了百姓的饮食习惯，很多宗教内容传入民间，如特定的宗教节日，不同宗教对食物的忌讳，进食时的特殊仪式和礼节等。唐人在饮食方面不断创新，菜式品种增多，呈现出一派丰富多彩的局面。唐朝的美食注重色、香、味俱全，无论菜肴还是点心都充满了艺术气息，出现了很多造型美观、制作精细的菜肴，比如花色菜和象形面点，运用了组合的技法，菜肴赏心悦目，具有极高的艺术价值。

流传千年而不衰的唐诗，其中有众多描写美食的。当诗句中的文字幻化成诱人的美食，那些源于唐朝的饕餮盛宴，仿佛铺展于世人的眼前。“诗仙”李白醉眼婆娑高颂：“金樽清酒斗十千，玉盘珍羞直万钱”“烹羊宰牛且为乐，会须一饮三百杯”。“诗魔”白居易在雪夜独酌：“绿蚁新醅酒，红泥小火炉。”“诗圣”杜甫作《丽人行》描绘唐代权贵极尽奢华的宴会场面：“黄门飞鞚不动尘，御厨络绎送八珍”……唐朝诗人笔下的唐朝美食，既有令人向往的珍馐美馔，也有“故人具鸡黍，邀我至田家”的野趣。从杜甫笔下“紫驼之峰出翠釜，水精之盘行素鳞”，到杜牧写下的“越浦黄柑嫩，吴溪紫蟹肥”，句句数来，既有地上牛羊，又有水中鱼蟹，甚至于骆驼的肉峰，也能成为餐桌上的美食，唐代美食之繁盛，在当时留下的诗作中便可见一斑。诸如此类的诗句还有很多。

唐朝人的主食结构主要是饼和饭。这二者中，饼又占据主要地位。除面糊外的各种成型面食，都可以称为饼。而唐人食之最多、最具代表性的饼，有胡饼、蒸饼和汤饼等。胡饼是用烤炉烤制的大饼，它是汉朝时自西域传入的，在唐朝极为流行。胡饼中有一种胡麻饼，烤制时在饼上撒了一层芝麻。还有一种叫“古楼子”的胡饼，是一种加了羊肉馅的大胡饼，夹层中还放了

花椒、豆豉等作料，表面上涂着油脂，吃起来又酥又香，味美异常。另外，受胡人饮食文化的影响，各种奶制品开始端上唐朝人的饭桌。奶制品富含蛋白质和钙，有助于强身健体。蒸饼是将面糊发酵后再蒸熟的面食，如馒头、包子等。唐朝人食用的蒸饼种类很多，它既可单纯用面粉制作，也可掺进各种配料。各种蒸饼不但是百姓餐桌上常备的食物，也能登上皇家的大雅之堂。汤饼是下在汤里煮的面食，如面条、面片等。唐朝人食用的汤饼种类也很多，在民间颇受欢迎。

米饭在唐朝人主食中的地位，虽然略逊于饼，但仍是不可或缺的主角。而在有些地区，米饭甚至比饼更受青睐。唐朝人食用的米饭多种多样，主要有稻米饭、粟米饭、黍米饭等。稻米饭食用的范围最广，尤其在长江以南的产稻地区，它一直是最重要的主食。稻米饭配以相应的菜肴，是人们喜爱的美食。粟米饭即小米饭，它的食用范围主要在北方地区，普及率也很高。黍米饭是用大黄米（有黏性）煮的饭。由于唐代黍的种植面积很广，所以黍米饭也是不少地方的主食。唐朝人的主食中，还有胡麻饭、乌米饭及添加各种配料的什锦饭等。唐代常见的早餐是粥。粥制作简单又营养，彼时粥的做法多样，比起当代也不遑多让。

唐朝人的肉食以羊肉为主，肉食的做法以蒸为主。一头活羊在宰杀后，人们便选一块自己想吃的部位的肉，用刀子割下来后送去蒸。羊肉蒸熟后放进自己的餐盘中，用刀子切成一片一片的肉片，再在上面撒上胡椒等调味料，即是一盘诱人的美食。猪肉在唐朝是仅次于羊肉的一种肉食，最常用的做法也是蒸。唐朝人吃羊肉要撒胡椒，而吃猪肉那就一定要佐以大蒜。当一盘热腾腾的蒸猪肉端上来后，把肉片用刀切碎，浇上蒜泥，配上豆酱，再用刚出炉的面饼把碎猪肉包起来，即可食用。鱼肉也是唐朝人比较喜欢的一种肉食，当时比较有名的吃法是“切鲙”，也就是当今的生鱼片。日本的生鱼片吃法便是从唐朝传过去的。唐朝国力强盛，经济发达，文化繁荣，对外交流频繁，所以，在当时的扬州、长安、洛阳等大城市中，“街店之内，百种饮食，异常珍满”。不同地区、不同国家的水陆珍馔，应有尽有。

唐朝最常见的蔬菜是秋葵，又叫冬苋菜。另外，薤也是一种很常见的蔬菜。当时比较常见的蔬菜还有韭菜、芹菜、青菜、葱、豆角、黄瓜、茄子等。现在常见的大白菜（当时叫“菘”）、菠菜（当时叫“波棱菜”）在当时都不算是常见的蔬菜。唐朝人喜欢将蔬菜制成各种食品，如酱菜、腌制蔬菜等。和菠菜一同传入中原的还有西方的各种香料，再加上中原本土的各种香料，唐朝的调味料种类已经相当丰富，葱、姜、蒜、胡椒、豆蔻、桂皮等在烹饪中大量应用，并进一步衍生出了豆豉、豆酱等调味料。此外，唐朝的水果也很丰富，有苹果、梨、桃、枣、杏、李子、葡萄、柑橘、橙子、柿子、荔枝、龙眼等。

"烧尾宴"是盛唐时期美食方面的最高代表之一，其奢华程度不亚于后来的满汉全席。烧尾宴的食单极负盛名，可谓盛唐美食的代表。《清异录》中记载了韦巨源设烧尾宴时留下的一份不完全的食单，目前有 58 种食单上的佳肴流传于世，有饭食羹汤、山珍海味、飞禽家畜等。这 58 种菜品还只是烧尾宴中的一部分，其他菜品已湮没于历史。烧尾宴上还有用来装饰观赏的工艺菜，如"素蒸音声部"就是用食材做成的蓬莱仙子歌舞的群像，足有 70 件之多。除了菜肴，烧尾宴上还有 20 多种点心，制作极尽精细，有各色饼、粽子、糕、馄饨等。烧尾宴既有丰富的食材又体现了高超的烹饪技巧，是唐朝经济繁荣的象征，直观地反映出唐朝烹饪技术的水平。

"合食文化"代表着唐代饮食文化的最大变迁。我国的"分食制"历史悠久，远在周朝时期，人们就是席地而坐，将食物放在俎案上，每个人食用自己的那一份。除此之外，周代的分食还体现在男女不同席进食上。我国古代的饮食在礼的规范下，超越了其自身满足人类身体能量需求的原始意义，被赋予了更深的内涵，成为彰显统治者地位，体现社会等级、上下尊卑、长幼有序的载体。唐朝政治、经济、文化繁荣的一个表现就是饮食制作的细致化、多样化。在此基础上，制作精细的食物和丰富的饮食需要不同的餐具来摆放和展现，以方便人们集中就餐食用。显然，"合食制"体现了中国人重礼、感性、喜欢热闹的特点，弱化了古代按照身份等级严格划分饮食餐具、座位次序的饮食方式。"合食制"能够在唐朝流行起来，饮食工具的调整也是必不可少的因素。在唐朝开放的民风下，商业逐渐昌盛，西北少数民族与中原交流频繁，其中别具特色的高脚桌椅传入中原，椅子、桌子等开始流行起来。桌椅在当时被称为胡床、胡座，人们发现这种垂足而坐、拼桌而食的形式，更加舒适且更加方便交流。随后胡座等迅速传入了寻常家庭，逐渐改变了唐朝的饮食礼仪、方式，形成了流行至今的"合食制"。另外，在与北方游牧民族大融合的过程中，唐朝引进了众多胡食，食物种类多样化，炒、炸、炖、煮等多种烹饪方式同登"舞台"，使得以往一人一案分食的方法不适合食物多样化、制作精细化的饮食文化，而"合食制"能将众多食物集中放置，使众人聚集，方便更好地享用美食。"分食制"被"合食制"取代是

中国饮食文化发展的必然趋势。

（6）宋朝饮食文化

宋朝是中国历史上又一个重要的朝代，是中国几千年封建体制下政治上较为开明、宽松的时期，也是经济、文化、科技上较为繁荣发达的时期。由于赵匡胤是通过兵变的方式取得政权，为了防止此类夺权事件的重演，立国之初其就巧妙运用了饮食活动，以“杯酒释兵权”的方式温和地达到了削夺臣下和地方权力来强化君权的目的。以饮食交流作为政治外延的手段，或笼络臣下，或宣恩外邦，极尽巧工华丽的菜色促进了烹饪技术的发展。北宋建国后实行崇文抑武、文人治国的基本国策，实行文官体制，且加大科举取士的人数，使得士大夫阶层在这一时期迅速扩展，在政治和经济上的地位迅速提高。

宋朝是中国历史上颇具人文精神与艺术修养的时代。宋代饮食文化的一个有趣特点在于许多文人士大夫参与其中，创造了别具一格的饮食雅文化。文人们饮食时讲究美食、美味、美器、美境，强化了饮食文化的审美性质。他们喜欢谈论饮食，追求吃得精致、雅致，乐意把自己的饮食心得、美食体验及品鉴方法与他人分享，甚至可以上升到哲理的层面。文人士大夫的积极参与和推崇，使宋朝饮食文化达到前所未有的美学高度，使饮食成为具有丰富内涵的美食，美食文化逐渐发展成为一种新的文化形式。

宋朝时期的饮食文化呈现出繁荣的局面，这主要得益于社会生产力的发展。北宋的文化、科技发达，中国古代四大发明中的黑火药、活字印刷术、指南针都是在这时出现或发展起来的。世界上最早的纸币“交子”也是诞生在北宋。北宋在工业化、商业化、货币化和城市化方面远远超过当时其他国家。繁荣的经济、丰富的物产促进了饮食文化的发展。当时的商业和手工业蓬勃发展，城市规模扩大，丝绸、陶瓷、纺织品等商品的生产和贸易达到了新的水平。同时，宋朝与东南亚、印度、阿拉伯地区都存在频繁的贸易往来，大量的宋朝生产的物品销往海外。繁荣的商品经济和发达的海外贸易，使宋朝相比于唐朝更为富裕，人们的财富也随之大量增长。人们日常的饮食成本相应地降低。经济的繁荣为美食业提供了物质保障，也促使宋朝特色的饮食文化得以迅速发展。国家富足，经济繁荣，百姓安居乐业，以及农业大力发展，都强烈地刺激了宋朝饮食文化的繁盛，大小城镇中酒楼遍布大街小巷，美食小吃更是数不胜数，市民生活热闹非凡。

宋朝繁荣的饮食文化也同政府的重视和积极作为有关。北宋的部分城市完成了由“里坊制”向“厢坊制”的转变，坊墙被拆除，城市空间格局由封闭的里坊式演变为开放的街巷式。朝廷推出了一系列扶持商业活动的政策，传统的重农抑商思想在社会上的影响力逐渐降低，商品交易市场欣欣向荣。民众可以沿街开店，其宅第与酒楼、店铺混杂交错。展开《清明上河图》，酒楼、饭馆、茶肆比比皆是，能辨认出是饮食店铺的就有四十几家。另外，宋朝废止了唐朝以前“日中为市，日落散市”的固定时间限制，出现了早市和夜市，中国人的夜宵生活是从宋朝开始的。吃夜宵是宋朝的一种消费时尚，北宋的夜市没有等级和身份的差别，借着赏月的名义，平民可以找到适合自己的消遣方式，富人则在高台上开设宴席，伴着丝竹歌舞，整夜把酒言欢。

中国人现在的一日三餐制最早出现在宋朝。在宋之前，人们每天只吃两顿饭，称为朝食与夕食，没有吃午饭的习惯。一天吃三顿饭是很奢侈的事情，哪怕是在富裕的唐朝。三餐制从宋朝出现并逐渐流行，这样先进的饮食制度的产生得益于宋朝正确的农业政策。宋朝历代皇帝都格外重视农业发展，宋真宗赵恒对农业特别感兴趣。占城使臣到中国来朝贡，带来一些种子，宋真宗就把占城稻种子播种在宫殿后面的荒地上，发现占城稻种植效果不错，就把种子收集起来，交给地方官员，让他们推广种植。除了占城稻，宋朝还引进了印度绿豆，这种来自南亚的绿豆比本国绿豆产量高了很多。宋真宗为了推广一些新品种，还提出免农业税的政策。同时，宋朝还采取兴修水利，提高农业耕种水平等措施，使宋朝无论是耕地总面积还是亩产量都远远超过唐朝，为三餐制提供了物质基础。三餐制进一步促进了两宋都市餐饮业的繁华。

“炒”是中国传统菜肴最主流的烹饪方式，在1000多年前的宋朝百姓就已经开始在家颠锅炒菜了。炒菜这种烹饪方式之所以在宋朝才得到大规模的推广使用，是因为宋朝铸铁技术的发展。宋朝之前铁多用于农具，铁锅极少，大部分是铜制或陶制的盛器。随着铸铁技术的进步，炉具得到改进，铁锅得到了普及。铁锅的出现改变了中国的烹饪方式，相较于陶锅而言，铁锅具有更高的传热效率，对炒菜的火候掌握得以实现。而比起铜锅，铁锅有着更高的锅温，而且铜锅易粘锅，而铁锅中的油热了之后，会在铁锅的表面形成一层油膜，无论是煎炒烹炸都十分适宜。在宋朝，油菜已得到广泛种植，且产量很高，榨油技术也比较成熟，产油率比较高且品质好，能够为市场提供源源不断的物美价廉的菜籽油，为“炒”这一烹饪方式提供物质保障。菜

籽油的沸点高，使烹饪时的温度可以达到更高，更能提升食物的香气与口感。另外，“炒”这种烹饪方式的诞生还与宋朝的一种新燃料的出现有关。宋朝以前，人们以植物燃料为主，到了宋朝，煤炭逐渐替代植物燃料，开始得到普遍开采和使用。由于铁传热更快，热效应更高，除“炒”之外，“爆”这种烹饪方式也诞生了，爆炒能形成爽脆嫩滑的口感，烹饪时间更短，成菜也更美观，深受老百姓的喜爱。

宋朝的饮食服务业堪称古代餐饮服务的巅峰，呈现出多元化、多层次、服务质量上乘的特点。酒楼装饰或富丽堂皇，或清新雅致，但都能给不同层次的消费者带来宾至如归的感受；出现了厨娘、外卖、博士卖酒、响堂行菜；歌舞伴宴、换汤斟酒、外办宴席都有专人负责，应大户人家要求开始实行四司六局等后厨管理制度。四司是指布置厅堂、设计席面的“帐设司”，迎送宾客、供应茶酒的“茶酒司”，安排菜单、烹制肴馔的“厨司”，端酒上茶、清洗盘碗的“台盘司”。六局包括筹办果品的“果子局”，供应蜜饯的“蜜饯局”，采购蔬菜的“菜蔬局”，掌管照明的“油烛局”，提供醒酒料物的“香药局”，负责桌椅家具的“排办局”。顾客若在家设宴席，则由“四司六局”承包，租赁器具，供应酒菜，从下请柬到安排座次、桌前执事等，都有人承揽备办，可见宋朝饮食服务业的发达。北宋的《清明上河图》中画有一位“外卖小哥”，他的腰间系有围裙，左手拿碗，右手拿筷，精神集中，着急地寻找送餐地。由此可见，宋朝早就出现了外卖服务。为了解决食物的保温问题，宋人还专门制作了可以用于保温的食盒，通常由竹木或珐琅制成。还有一种保温性能较好的陶瓷食盒，盒中放有可以将食盒分成两个部分的“温盘”，盘侧夹缝带有注水孔，可将热水注入，达到保温的效果。

宋朝形成了中国最早的菜系：南食、北食、川饭和素食。今天我们使用的各种餐具从宋朝开始就已经正式使用。宋朝民间普遍使用桌子和椅子，彻底改变了大众席地而坐的生活习惯。直到宋朝，才有了现代意义上的酱油。白糖也已经普及，常用来做蜜饯。宋朝的饮食已经能满足现代人的胃口。面条类有云英面、软羊面、桐皮面、盐煎面、鸡丝面、插肉面、三鲜面等，馒头类有羊肉馒头、笋肉馒头、鱼肉馒头、蟹肉馒头、裹蒸馒头等，烧饼类有千层饼、炙焦金花饼、乳饼、菜饼、牡丹饼、芙蓉饼、熟肉饼、糖饼等。宋朝的饭店中菜品丰富多样，炒菜、羹汤、蜜饯、糕点、馄饨、馅饼、米线等一应俱全。现今的家常美食如火腿、火锅、油条、汤圆、爆米花等，都是发明或流行于宋朝。

宋朝是中国古代社会饮食文化发展承前启后的重要阶段。宋朝饮食文化体现在食材种类的多样化、烹饪方式的多元化、创新菜品的出现以及饮食服务业的进步等方面。商品经济的发展及丰富的食物原料、精良的饮食器具、高超的烹饪技法等极大地推动了宋人在饮食上的精益求精，各种美食层出不穷，饮食文化呈现出蓬勃发展的状态。宋朝的饮食文化不仅深刻地反映了当时社会的面貌，还对中国饮食文化的发展产生了深远的影响。

秦汉至唐宋时期饮食文化的特点如下。

① 能源出现新突破。从秦汉到唐宋时期，制作食物的能源主要是直接燃烧树木、杂草、木炭等获得，煤的使用使能源实现突破。中国是世界上最早用煤炭的国家。

② 炊具新突破。铁制炊具开始使用。秦汉后，冶铁技术水平提高，铁器普及开来，铁制炊具已广泛用于烹饪中。

③ 餐具新突破。漆器和瓷器广泛使用。漆制餐具秦汉时主要是富贵之家使用。陶瓷餐具在唐宋时普及，数量多，品种多，制作工艺精良。

④ 食物原料来源更加丰富。食物原料除来源于农业、畜牧业和部分采集渔猎外，新技术条件下的新原料开发和引进也是其重要来源。汉朝时已开始利用温室栽培蔬菜，使韭芽、葱等在冬天的暖房中继续生长，超越了自然时令。在宋朝，人们已会种植韭黄。张骞出使西域后，中外交流有很大发展，新原料大量引进。

⑤ 烹饪工艺不断发展创新。烹饪环节分工细化，《汉书·百官公卿表》记载，汤官主饼饵，导官主择米，庖人主宰割。炉案分工有红案、白案。

⑥ 烹饪技艺不断创新。刀工技术大幅提高，出现柳叶形、象眼块、雪花片、凤眼片等众多刀工刀法名称；配菜注重清配清、浓配浓及荤素搭配、色彩搭配等。由于铁器传热快，出现了高温快速成菜的油热法，如“爆”“炒”法。调味方面，创造出许多复合味型。

⑦ 饮食市场渐渐兴盛。难以计数的美味佳肴出现，特色最突出、最令人瞩目的是包括食品雕刻在内的众多花色菜点。食品雕刻起源于春秋战国时期的雕卵，隋唐时有了极大发展，用料范围不断扩大。宋朝时食品雕刻技艺更高，成为筵席中的时尚。另外还有组合拼盘、象形菜点，有时甚至用模具拓印，造型美观。

⑧ 饮食著述迅速增多。有记载和论述烹饪技术理论与实践的食经、食谱等，有关于饮食烹饪的文献资料，包括史书、野史笔记、方志、医书、农

书、诗词文赋等。

4．元、明、清时期的饮食文化

1271 年，忽必烈定国号为“元”。1368 年，明军攻占元大都，元朝灭亡。同年朱元璋称帝建立明朝，1644 年，李自成攻占北京，明朝灭亡。1616 年，努尔哈赤建立后金，1636 年，皇太极称帝并改国号为“大清”。1644 年，清军入关。1911 年，辛亥革命推翻清王朝。元、明、清是中国封建社会的后期。这一时期中国的政治、经济和文化有了极大变化，农业、商业、手工业的发展促进了中国饮食的全面发展，最终使中国饮食文化进入了成熟定型时期。

（1）元朝饮食文化

元朝是中国历史上首个由少数民族建立的大一统王朝。元朝保留中书省、枢密院、御史台，分掌政、军、监察三权，地方实行行省制度，开中国行省制度之先河，同时也非常重视农业、商业和贸易。元朝是中国历史上较少出现的不抑制商人的朝代，甚至还出台了许多重商政策，大力发展商业和海外贸易。

元朝疆域极其辽阔，辽阔的疆域客观上使得曾经中断的丝绸之路得以重新连接起来。元代海上丝绸之路也非常发达。货物通过大运河输送到泉州、广州、宁波等港口，再通过海上丝绸之路运往东亚、中亚以及更远的欧洲。东南亚、印度的香料等各种物品也经由海上丝绸之路输送到元朝港口，再经驿站输送到全国各地。泉州成为当时世界上最大的贸易港口。元大都（北京）是全国乃至世界上最大的城市。来到元大都的外国商人、使臣、游客、文人等非常多，使元大都成为各国商品集聚、各种文化融合、极为繁华的国际大都市。意大利旅行家马可·波罗在元朝时期游历过大半个中国，对元大都及扬州、杭州、泉州、成都等大城市极其繁华的文化、商业、饮食活动和民众的富足生活作了较细致的描述。他的游记在欧洲引发巨大的关注和反响，引起了欧洲人对中国的向往，对欧洲人随后开展的大航海有一定的促进作用。陆上丝绸之路的再次畅通和海外贸易蓬勃发展，促进了元朝与世界各国在文化、人员、物产等方面的交流，也促进了元朝社会的经济发展，更进一步促进了世界上许多不同国家饮食文化及元朝地域内不同民族饮食文化之间的交流与融合，使元朝的饮食文化呈现蓬勃发展的繁荣景象。

元朝时期引进了原产于中亚、西亚的胡萝卜、洋葱、鹰嘴豆。西域的胡椒、陈皮、桂皮、茴香、白芥等香料及朝鲜的高丽参和欧洲的玻璃饮食器具不断地输入中原地区，极大地丰富了中国人的饮食文化生活。

元朝是少数民族建立的朝代，饮食文化也有其自身的特点。从元朝定都北京开始，饮食文化就迅速发展，而且各民族之间文化往来非常密切，饮食习俗也会相互影响和交融，因此元朝的饮食文化也呈现出多种新元素和新气象。元朝饮食既融合了北方少数民族的粗犷大气，又展现出汉民族饮食的细腻和甜美。

蒙古族一直以来以畜牧业为主，喜欢吃一些烧烤类的食物，每逢佳节的时候也会杀猪宰羊，偶尔也会去捕猎野味。元朝的第一道佳肴当数烤全羊。烤全羊含有丰富的脂肪、蛋白质、钙、铁以及纤维素等营养物质，外表金黄油亮，肉焦黄发脆，内部肉绵软鲜嫩，羊肉味清香扑鼻，是一道色香味俱全的美食。

“涮羊肉”作为元朝流传下来的美食，至今仍受中国民众的喜爱。涮羊肉味道鲜美，食用方法简单，而且根据不同人的要求调配蘸料，能够满足不同人的口味。

（2）明朝饮食文化

明朝是一个农业发达的朝代，手工业和商品经济也非常繁荣，出现商业集镇和资本主义萌芽。经济的不断发展和物质的不断丰富，为饮食文化的发展提供了先决条件。明朝中晚期，从皇室到贵族、士大夫乃至整个民间，都沉浸在崇尚美食的氛围之中，加上海外一些新的食材的引进，都不同程度地丰富了明朝饮食文化。

明朝刚建立时，国库空虚，社会风气包括饮食崇尚节俭朴素。然而到明中期的正德年间，商品经济快速发展，传统的社会经济秩序受到了冲击，皇室也不再强调节俭的饮食作风，原来尚简的风气逐渐淡化。富商大贾在社会经济交往中积累了大量的物质财富，他们开始过着挥金如土的生活。在商品经济发展的背景下，人们的生活方式、消费结构和价值观都发生了深刻的变化，客观上促进了明朝餐饮业的兴盛和饮食文化的发展。为了满足不同人群的口味，各式美食也如雨后春笋般出现，饮食品种空前丰富。

明朝饮食文化在美食上的表现就是官宦菜和江湖菜的双峰并存。官宦菜的代表自然是宫廷菜，以淮扬风味为主。

相比于官宦菜，明朝民间的美食更加丰富多彩，这在明朝著名白话小说《金瓶梅》中有集中的体现。江湖菜的代表是书中所记载的那些菜品，多达280多种（包括主食、菜肴、点心、干鲜果品等）。《金瓶梅》讲的虽然是北

宋末年的事，反映的却是明朝中后期的市井生活。

与两宋相比，明朝时的烹饪技术也有了很大的进步。明朝中后期特别讲究煎、炒、蒸、煮、烤、炖、腌等多种烹饪之法，追求色、香、味、形、声的尽善尽美。人们不仅全面掌握了刀法、火候、调和等技巧，而且对于传统的饮食理论都有更加精到的见解。

随着西方大航海的开展及美洲的发现，明朝迎来一次大规模海外农作物的引进。由印第安人培育的产于美洲大陆的植物如辣椒、玉米、马铃薯、红薯等就是在明朝中晚期传入中国的。这些新食材的引入，对中国饮食特别是菜系的形成产生了极其重要的影响。在现代中国饮食市场份额中占据前列的川菜和湘菜均以辣味见长，如果没有辣椒的传入，就不可能形成现在川菜和湘菜两大菜系的饮食风格。

（3）清朝饮食文化

清朝前期和中期农业、手工业和商业发达，经济繁荣，江南出现密集的商业城市，并在全国出现大商帮，这些为饮食文化的发展奠定了坚实基础。

清朝是中国饮食文化的又一高峰，内容更为丰富多彩。无论是宫廷饮食、贵族饮食和官府饮食，还是民族饮食、地方饮食和民间饮食都出现了蓬勃发展的趋势。特别是清朝统一全国后，随着饮食业的进一步发展，鲁菜、川菜、粤菜、淮扬菜成为当时最有影响的地方菜，被称作“四大菜系”；到清末时，浙菜、闽菜、湘菜、徽菜四大新地方菜系分化形成，共同构成中国饮食的“八大菜系”，标志着中国饮食文化进入成熟期。

清朝时，全国各地的风味菜多在北京汇集、融合、发展。北京有皇家、王公贵族、巨商大贾和文人雅士，由于社会交往、礼仪、节令及日常餐饮的需要，各色餐馆应运而生，宫廷、官府、大宅门内，都雇有厨师。这些厨师来自四面八方，把中华饮食文化和烹饪技艺充分施展发挥。清朝饮食文化出现多民族饮食交融及南北美食荟萃的特征，“满汉全席”的出现代表了清朝饮食文化的最高水平。

“满汉全席”是清朝皇室、贵族、官府才能举办的盛大筵席，既有宫廷菜肴之特色，又有地方风味之精华，形成了引人注目的独特风格，集我国名肴名食之大成，代表了清朝烹饪技艺的最高水准，是中华饮食文化物质表现的一个高峰，有中国古代宴席之最的美誉。

清朝还有一个名气很大的宫廷宴会——“千叟宴”，康熙皇帝和乾隆皇帝分别举办过四次。清朝的“千叟宴”意在倡导全社会弘扬尊老敬老的精神，也是中国饮食文化中美食、美器、饮食礼仪的一次大展示。

经典名著《红楼梦》几乎三分之一的篇幅与饮食有关，在曹雪芹笔下，上流贵族的奢侈饮食生活被刻画得淋漓尽致。《红楼梦》中写到的食品多达180多种，有主食类、菜肴、点心、果品、饮料、调味料、补品等。许多食物的做法都非常复杂。

说到清代饮食文化，一定绕不开大文人、大美食家袁枚和他的饮食名著——《随园食单》。袁枚少有才名，进士出身，授翰林院庶吉士，文笔与大学士纪昀齐名，时称“南袁北纪”。先后于溧水、江宁、江浦、沭阳任县令共七年，为官勤政颇有声望，但仕途不顺，无意吏禄。袁枚辞官隐居于南京小仓山随园，世称“随园先生”。《随园食单》则是他40余年美食实践的总结，系统地论述了各种烹饪技术和300多种南北菜肴、点心，可说是我国古代饮食文化的集大成之作。《随园食单》理论与实践并重，提出了烹饪的20条“须知”，包括先天、作料、洗刷、调剂、配搭、独用、火候、色臭、迟速、变换、器具、上菜、时节、多寡、洁净、用纤、选用、疑似、补救、本分等，作为对烹饪人员的基本要求。同时，又提出很多戒律，如“戒混浊”“戒苟且”“戒走油”之类。除了讲述许多菜肴的制作，也讲了一些食俗的来龙去脉。

鸦片战争后，清朝被迫开埠，外国在通商口岸建立租界，西方的一些饮食也逐渐传入，并在沿海通商城市流行起来。人们的生活方式和思维方式都发生着一些变化，饮食也受到不小的影响。啤酒、冰激凌、面包、蛋糕等逐渐被民众所接受。西餐中常用的原料开始大量走上百姓餐桌，专门生产西式食品的工厂开始出现。在烹饪实践中，人们开始尝试中菜西做或西菜中做，丰富了中国菜的做法，中国饮食文化在中西交融中也有了一定的发展。

元、明、清时期饮食文化的特点如下。

① 餐饮器具精美绝伦。元、明、清三朝是中国瓷器的繁荣鼎盛时期，景德镇成为全国制瓷中心，餐具品种多样，造型新颖。金属餐饮器具在数量和质量上有很大提高，造型独特、考究。

② 食物原料十分广博。食物原料清末时已达2000多种，凡可食之物均可用于烹饪。在原有的动植物品种的基础上，不断培育和创新新品种。从国外引进了红薯、番茄、辣椒、芒果、洋葱、马铃薯等，其中影响最大的是辣椒。辣椒产于美洲，明朝时传入我国，称为番椒。最初作为观赏花卉，后用作调料，在中国南部、西部广泛种植。辣椒的传入对川、滇、黔、湘等地的

烹饪有划时代意义。

③ 烹饪工艺有较完善的体系。面点制作的成熟方法有煮、蒸、炸、煎、烤、烙等。菜肴制作方面有切割、配菜、烹饪、调味、装盘等技术环节，形成了较完善的体系。烹饪方法已发展为三大类，一是直接用火熟食的方法，如烤、炙、烘、熏、火煨等；二是利用介质传热的方法，又分水熟法（蒸、煮、炖、汆、卤、煲、冲、汤煨等）、油熟法（炒、爆、炸、煎、贴、淋、泼等）、物熟法（盐、沙炒、泥裹等）；三是通过化学反应制熟的方法（泡、渍、醉、糟、腌、酱等）。

④ 地方风味流派形成稳定的格局。清朝中晚期，各地烹饪技术全面提高，加上受地理、气候、物产、习俗等因素的持续影响，主要地方风味菜系形成稳定的格局。清朝的地方风味流派中最有影响力的是鲁、川、粤、苏四大菜系，即黄河流域山东（包括京津等北方地区）风味菜，长江流域四川（包括湘、鄂、黔、滇）风味菜，珠江流域广东（包括闽、台、潮、琼地区）风味菜和江淮流域江苏（包括江、浙、皖）风味菜。到了清末，加入浙、闽、湘、徽地方菜，成为八大菜系。

⑤ 饮食市场持续兴盛。依靠专门经营与众不同的著名菜品而发展起来的专业饮食行的数量不断增多。这些专业饮食行具有风味独特、价格低廉、经营灵活的特点，在各地饮食市场中的地位越来越重要。

⑥ 饮食著述完整、系统。饮食著述越来越丰富和完善，在饮食保健理论和烹饪技术理论方面形成了较完整的体系。记载蔬食的有清朝薛宝辰《素食说略》；记地方风味的有元朝倪瓒《云林堂饮食制度集》、清朝李调元《醒园录》；合性食谱有元朝韩奕《易牙遗意》、明朝宋诩《宋氏养生部》、清朝朱彝尊《食宪鸿秘》和袁枚《随园食单》；食疗著作有元朝忽思慧《饮膳正要》；等等。

5．从辛亥革命至今的饮食文化

（1）民国时期的饮食文化

民国时期是我国近代史上的一个重要时期，虽然存续时间不长，但其饮食也足以让人回味。民国时期中西方之间的饮食交流更加频繁，饮食文化在继承中有所创新，菜品普遍大众化，民间饮食文化兴旺繁荣，涌现出很多极具地域韵味的小吃。

在民国时期，经济落后，物质资源短缺，社会贫富差距很大。普通民众的生活非常艰难，大多数人都还过着食不果腹的生活。可那时的富贵人家在

吃的方面却很讲究，要求色、香、味俱全，甚至不惜花费重金聘请名厨主理饮食。此外，北洋政府时期，全社会的政治、文化和军事、外交集中在北京城，大小宴请是主要社交活动形式，并且非常频繁。这些都使得官府菜盛极一时。

官府菜吸收全国各地许多风味菜，讲究用料广博益寿，制作奇巧精致，味道中庸平和，菜名典雅得趣，筵席名目繁多且用餐环境古朴高贵。例如，北京最负盛名的官府菜是“谭家菜”。谭家菜讲究意境和菜品的融合，选料讲究，制作精细，尤其重火功和调味，在融合了东西南北、官府市井的烹饪技法后，深受各界食客的赞赏与推崇。除了京城的官府菜，民国时期的官府菜还有直隶官府菜、成都官府菜、陕西官府菜、孔府菜、随园菜、东坡菜等。

民国时期，许多大城市出现了富有特色、久负盛名的酒楼饭馆。以北京为例，北京既是历史悠久的古都，又是明清两朝的文化中心。就饮食业的发展而论，不论哪一个地方菜系都会传入北京。多种菜品汇聚于北京，形成了适合北京人口味的山东菜、以牛羊肉为主的清真菜和从明清皇家又回到民间的宫廷菜，其中还应包括个别起源于福建、广东、四川等地的菜肴的融入。这些菜在北京各显神通，激烈竞争，又相互取长补短，融会贯通。这为博采众长、发展有独特风味的菜品创造了有利条件。民国时期，北京的著名饭馆还有“八大居”和“八大楼”之说。“八大居”是广和居、同和居、和顺居、泰丰居、万福居、阳春居、恩承居、福兴居，“八大楼”是东兴楼（萃华楼）、泰丰楼、致美楼、鸿兴楼、正阳楼、庆云楼、新丰楼和春华楼。

民国时期有几位著名的美食大家，第一位当数谭延闿。谭延闿，字祖庵，民国时期著名政治家、书法家。谭延闿特别爱吃，亦精擅食法。“祖庵湘菜”是由谭延闿及其家厨所创立，以“原材料选取精良、刀工处理精细、烹制技艺精湛、味道调和精准”的美食理念赢得了人们的青睐。直到今日，“祖庵湘菜”还是湘菜中的著名系列和重要组成部分。

其他两位民国时期著名的美食家是张大千和梁实秋。张大千是绘画天才，也是赫赫有名的美食大家，而且是厨界高手。他喜欢的菜不仅有川菜，还有粤菜、鲁菜、苏州菜等。张大千不仅擅食，而且擅做，自己亲自上灶。梁实秋是中国现代文学大师、翻译家，也是美食家。他晚年创作的文集《雅舍谈吃》，共收录回忆故乡美食的文章 57 篇。《雅舍谈吃》道出了他对美食的钟情。在梁实秋的笔下，美食不仅是味觉的享受，更是一种生活的态度，

美食使人感受到生活的美好，让生活变得充满情趣。

民国时期饮食文化中最具特色、最充满烟火气息的当数各地的街头小吃。街头小吃大多是在街头巷尾面积不大的固定场地中经营的民间食品，有些没有固定场地则随地摆摊，或肩挑担子走街串巷大声吆喝售卖。民国时期的街头小吃大都沿袭“民以食为天，味以鲜为宗”的思想，不仅风味独特、用料讲究、制作精细、香味浓厚、种类繁多、物美价廉，而且量大味足，令人垂涎三尺，吃后心满意足。这类食物虽然难登大雅之堂，但是却能以价格低廉、味道独特取胜。民国时期，北京是政治、经济与文化中心，所以北京的街头小吃也最为有名。

民国时期，西餐在中国的传播较为迅速，尤其是专门从事和外国人做生意的买办商人群体，他们最早接受西餐。那时的西式菜肴讲究排场和礼仪，被称为“大菜”。沿海、沿江及内陆的一些大城市中，吃西餐也逐渐成为一种时尚。此外，大量舶来的西方食品，极大地丰富了中国人的饮食生活，中国人自己的民族食品工业由此得以崛起并长足发展。

（2）中华人民共和国成立后至今的饮食文化

中华人民共和国成立初期，国家百废待兴。在完成第一个五年计划后，我国的经济得到较快的恢复和发展，民众的生活水平有所提高。但经过“大跃进”、人民公社化运动、“文化大革命”，国家的经济发展基本上处于停滞状态，饮食业发展缓慢。从 1978 年国家实行改革开放政策后，中国的面貌发生了根本性改变，国民经济持续发展，民众的生活水平不断提高，真正迎来了中国饮食文化兴旺、繁荣的新时期。

改革开放后，国家改变了原有的经济体制和社会发展模式，确立了社会主义市场经济体制，人们的生活得到极大的改善，从温饱过渡到了小康水平。农村地区实行家庭联产承包责任制，极大地调动了农民的生产积极性，农业生产连年丰收，物资短缺的局面开始改观，人们的饮食生活越来越丰富，从以前的以粗粮为主变为以细粮为主，猪肉、鸡蛋等消费品开始频繁地出现在人们的饭桌上。而随着经济社会的发展，城市的饮食方式和观念也逐渐渗透到了农村。同时，随着许多城市近郊的乡村旅游的发展，农家乐、自助厨房等面向城市游客的饮食文化也开始流行起来。除了日常饮食，在传统节日、庙会等场合，包括小吃、节日食品在内的传统饮食兴盛一时。而在城市，随着区域之间的流动日益频繁、现代物流业的发展、交通条件的改善和冷藏保鲜技术的发展，人们的饮食选择日益多样化。各种大型超市每天都有

各种时令新鲜的蔬菜、水果、蛋、牛奶、肉类供人们选择，社区菜场也十分方便，食品市场空前繁荣。不但如此，大量国外粮油、食品和水果的进口，使人们的饮食选择越来越丰富。餐饮业的发展方兴未艾，“火锅热”、“龙虾热”、各种网红食品的饮食热潮一浪接着一浪。

随着社会经济的发展及人民生活水平的提高，民众的饮食观念、消费观念和注重健康饮食的观念较过去有了很大变化。许多家庭在除夕夜到大饭馆吃年夜饭，省去了自己动手的麻烦。人们开始过情人节、圣诞节等西方节日，并且吃西餐，享受西方美食的乐趣。民众开始注重节约，过去那种大吃大喝、铺张浪费的现象越来越少，吃多少就买多少成了许多人的自觉行动，吃剩的食物打包带回家成为一种很自然的事情，绿色消费已蔚然成风。同时人们对于吃的要求也越来越高，不仅要吃好，更要求菜品的种类丰富多样，满足不同人群的口味。大众不再追求大鱼大肉，过去因粮食短缺而用来充饥的野菜、粗粮现在成了最受大众欢迎的健康食物，水果、蔬菜的需求增加。营养均衡、绿色健康的饮食理念普遍被民众接受。人们在关注饮食的安全问题的同时，开始更加期待营养丰富的食品和搭配合理的饮食方式。

改革开放后，具有不同地域特色、民族特色的饮食文化在全国范围内蓬勃发展。在城镇乡村，各种档次和风格的饭馆酒店随处可见，川菜、湘菜、鲁菜、苏菜、粤菜、东北菜、民族饮食（满族、苗族、土家族、傣族等）等不同菜品随时可以品尝，名师大厨人才辈出，特色店、品牌店鳞次栉比。

随着改革开放的逐步深入，带有浓郁异国情调的外国饮食逐渐进入中国并被国人接受。在很多城市，品尝意大利菜、法国菜、德国菜、俄罗斯菜、土耳其菜、墨西哥菜、泰国菜、日本料理、韩国烧烤等不再是遥不可及的事情。人们的食品选择范围进一步扩大，足不出户便可以遍尝世界美食。同时，国外的食品因其独特的营养搭配和生产方式，受到很多人的欢迎。在城市、乡镇的各个角落，“肯德基”“麦当劳”“必胜客”等洋快餐更是遍地开花，汉堡包、比萨、热狗等成为人们特别是年轻人日常生活中的普通食品。

进入新世纪，随着科技的飞速发展和互联网的普及，民众的饮食方式发生重大变化。“人在家中坐，美食送上桌”已渐渐成为人们的时尚。人们用手机寻找餐厅、购买食材、点外卖已成为日常行为；天南地北的各色美食都可以在网络平台上轻松下单，并被快速便捷地送到顾客手中。“美团”“饿了么”等已成为全国最大的外卖餐饮消费平台。大街小巷，到处可以看到“外卖小哥”的身影。民众不再局限于在家吃饭或下馆子，越来越多的民众

通过外卖网购到家等方式解决吃饭问题，百姓的餐桌越来越向智能化演进。

与就餐方式一起变革的还有方便食品。随着食品工业的发展，适宜的包装材料和冷冻技术的开发，传统食品渐渐变得方便化。我国的方便食品已有 2000 多个品种，人们最熟悉的方便食品是挂面和方便面，面包和机制馒头也是深受欢迎的方便主食，方便米粉、方便米饭、方便粥、速冻饺子、馄饨、包子、汤圆等方便食品更是遍布各个超市。熟肉制品中传统的香肠、酱肉、卤肉等也有了速食包装。一些半成品风味菜肴大量出现在超市的货架上，方便蔬菜、方便汤料、方便调料的市场也十分繁荣，品种和产量都有很大提高。方便食品已进入普通大众的生活中，改变了人们的消费结构和营养结构。

（3）从辛亥革命至今的饮食文化的特点

① 烹饪工具、生产和保鲜方式逐步现代化。随着饮食机械工业的快速发展，烹饪工具（表现在能源和设备上）得以迅速现代化。现在主要的烹饪用能源有天然气、电能、太阳能、沼气等；设备有微波炉、电磁炉、烤炉、洗碗机、高温消毒柜等。在传统的食品生产过程中，烹饪机械在某些工艺环节中替代了厨师的手工操作，甚至出现了自动化机械生产的食品，降低了劳动强度，生产效率有了极大提高，并使食品生产更加卫生、规范、有序，具有标准化、规模化的特征。随着食物的储藏、保鲜和包装技术的进步，食品的长时间完好存放成为可能。

② 优质食物原料快速增加。我国从世界各国引进了许多新的优质食物原料，加强在转基因食品和人造食品上的研发，开拓蛋白质资源、特种食品资源；推广无污染种植，开展生物工程研究，培育新品种；发展大豆制品、人造肉和人造奶油工业等。

③ 国内外饮食文化与烹饪技艺广泛交流。国内外餐饮文化交流频繁，交流内容也不断丰富，不仅涉及食物原料，烹饪技法、菜品，还涉及生产工具、生产方式、管理营销等。中国餐饮在海外有广阔的市场，而面包、蛋糕、西式快餐、日本料理、泰国菜、韩国烧烤等异国风味食物也竞相在国内登场。

④ 菜品更富有营养和个性。随着生活水平的提高，人们要求吃好、吃得营养与健康、吃得有文化与品位，菜品还须具备：一是文化性。菜品的设计、制作中蕴藏丰富的文化内涵。二是新奇性。在用料或制法上新颖独特，别具一格。三是精细性。菜品的制作须精巧细致。四是乡土性。用料和制法

上融入乡土气息、民情风俗。五是生态性。用料选择绿色、有机原料，不用或尽量少用化学制品。

⑤ 饮食市场空前繁荣兴旺。随着市场经济的持续深入发展，第三产业蓬勃兴起，餐饮业受到前所未有的重视，发展成第三产业的中坚力量。饮食市场的发展正呈现出诸多新亮点：一是大众化。外出就餐已经成为普通民众日常生活的一部分，成为饮食市场中增长最快的部分。二是数字化。大众餐饮是互联网渗入最早的实体产业，以团购、外卖和电子支付为代表的互联网技术深刻重塑了餐饮市场，科技成为引领餐饮业发展的重要因素。三是多样化。餐饮业经营业态多元化、个性化和细分化趋势增强，从改革开放初期仅按正餐、快餐等划分，衍生出火锅、民族风味餐、小吃等多个创新业态。在服务上，部分餐饮企业突破传统营业时间，实行全天候供餐，为消费者就餐提供更加便利的选择。

⑥ 饮食著作数不胜数。有《中国烹饪百科全书》《中国烹饪辞典》《中国食经》《中国名菜谱》《中国名菜集锦》等。

⑦ 注重人的生理与心理需要是中国饮食烹饪的最高目标，也是中国饮食文化的发展趋势。在坚持“以人为本，以味为纲，以技为目”原则的基础上，通过具有现代意义的工业烹饪与手工烹饪方式和异彩纷呈的菜品风格，实现科学化与艺术化的完美统一，满足人们对饮食科学合理、方便省时、愉快有趣的新要求。

中国饮食文化中的八大菜系

第3章

西方饮食文化概论

1．西方饮食文化的特点

西方饮食文化具有浓厚的历史特点与体系结构，强调科学与营养，菜肴制作规范化，在世界范围内享有很高的声誉，对现代饮食具有较大的影响。西方饮食文化有以下特点。

① 具有系统的饮食典籍。主要有四大类典籍：一是烹饪技术类（技术实践、技术理论等方面）；二是烹饪文化与艺术类（烹饪历史、烹饪美学与哲学、烹饪艺术等方面）；三是烹饪科学类（烹饪营养学、烹饪化学、烹饪卫生学、食品微生物学等方面）；四是综合类（百科全书式的烹饪书和部分叙事著作）。

② 形成独特的饮食科学。西方的饮食科学内容十分丰富，但核心是独特的饮食思想和科学技术与管理。强调饮食的选择只需适合人的需要，按照人对各种营养素的需要来均衡、恰当地搭配食物的种类和数量，并通过对食物原料的烹饪加工，突显各种原料特有的美味，重在满足人的生理需要。在饮食科学技术与管理上，突出的特点是西方烹饪的标准化与产业化。

③ 有起伏的饮食历史。在古代，西方饮食中最具代表性的是意大利菜。意大利菜直接源于古希腊和古罗马，是西餐的鼻祖。在近代，西方饮食发展中取得辉煌成就、举世瞩目的是法国菜。它深受意大利菜烹饪的影响，但在吸收意大利菜烹饪特色的基础上结合自己的优势发展壮大，成为西餐中的标杆。

④ 精湛的饮食制作技艺。西方人在饮食的制作上精益求精、追求完美，表现出了精湛的技艺。在原料使用上常根据原料的不同部位、品质特点选择使用不同的烹饪方法；刀工十分简洁，多用基本刀法，原料的基本形态较简单，主菜形状多为大块、厚片；在制熟上，常用以空气和固体为传热介质的

烹饪方法，如烤、铁板、铁扒等；在调味上，强调在加热之后的浇味，多用香料、酒、奶制品来调味；在馔肴的造型与美化方面，强调图案美，装盘讲究简约，同时也重视美食与美器、美境的结合。

⑤ 众多的饮食品种。从馔肴的产生历史和饮食对象等角度进行划分，可分为民间菜、宫廷菜、民族菜、市肆菜等；从地域上进行划分，可分为意大利菜、法国菜、英国菜、美国菜、德国菜、俄罗斯菜等。而在各个国家中，不同的地区、不同的历史阶段也有不同的风味菜。

3．西方饮食文化中的食物类别

由于欧洲各国的地理位置都比较近，在历史上又曾出现过多次民族大迁移，其文化早已相互渗透融合，彼此有了很多共同之处。再者，西方各国的宗教信仰相近，因此在饮食禁忌和用餐习俗上也大体相同。至于南、北美洲和大洋洲，其文化也是和欧洲文化一脉相承的，因此西方各国的食物类别和烹饪方法也较接近。西方饮食文化中的食物种类较多，主要是以下各类。

（1）面食类

① 面包：面包以小麦粉为主要原料，以酵母、鸡蛋、油脂、糖、盐等为辅料，加水调制成面团，经过分割、成形、醒发、焙烤、冷却等过程加工而成，为西方人主要的主食之一。面包品种繁多，各具风味，有白面包、褐色面包、全麦面包、黑麦面包、酸酵面包、小圆包、奶油鸡蛋面包、牛角面包、核桃面包、法式长棍面包、德国椒盐面包、丹麦面包、英国十字面包和香蕉面包等。② 面类：面为西方人重要的主食之一。有番茄意大利面、蒜蓉白葡萄酒面、烤红辣椒面、奶油番茄蒜蓉通心粉、简易柠檬西蓝花面、鹰嘴豆大蒜黄油和香草意大利面等。③ 比萨：比萨源于意大利，是世界上最受欢迎的美食之一。比萨是一种以面饼为底，上面撒满各种配料的美食。它可以搭配多种不同的酱料和调味料，如番茄酱、奶酪、芝士等。除传统口味外，还有一些新颖、有创意的款式出现，如海鲜比萨、烤肉比萨、甜品比萨等。④ 汉堡包：汉堡包是由两片小圆面包夹一块肉饼组成，现代汉堡包中除夹传统的牛肉饼外，还在圆面包的第二层涂以黄油、芥末、番茄酱、沙拉酱等，再夹入番茄片、洋葱、酸黄瓜等。这种食物食用方便、风味可口、营养全面，已经成为畅销世界的方便主食之一。⑤ 热狗：热狗是西方快餐食品之一，是夹有火腿肠的面包，和动物“狗”并没有什么直接的联系。吃热狗的时候可以配上很多种类的配料，比如番茄酱、蛋黄酱、芥末、渍包心菜、渍白萝卜、洋葱屑、莴笋屑、番茄（切片，切屑或切块）和辣椒等。

（2）土豆类

土豆即马铃薯，是印第安人培育的农作物，16世纪由欧洲殖民者引入欧洲种植，逐渐成为西方国家民众的主食之一。土豆类食物有煮土豆块、炸土豆条（片）、土豆煎饼、焗烤土豆、土豆沙拉、土豆泥、德国土豆丸子等。

（3）沙拉类

新鲜的蔬菜、水煮的蔬菜、鱼类、肉类，当然更多的是水果，都可以成为沙拉的主料。沙拉是用各种凉透的熟料或是可以直接食用的生料加工成较小的形状后，再加入调味料或浇上各种沙拉酱汁或冷调味汁拌制而成。根据功能，沙拉可分为开胃沙拉、配菜沙拉、主菜沙拉、餐后沙拉等。常见的西式沙拉品种有凯撒沙拉、尼斯沙拉、考伯沙拉等。沙拉酱汁有蛋黄酱、千岛酱、塔塔汁、油醋汁、黑醋汁、芥末调和酱汁等。

（4）汤类

西餐正餐中有一道汤菜，可分为清汤和浓汤两大类，其中又有冷、热汤之分。西餐汤菜花色多样，风味别致。有法国的洋葱汤、意大利的蔬菜汤、俄罗斯的罗宋汤、美国的奶油海鲜巧达汤、英国的牛茶配忌斯条汤等。汤除了主料外，常常在汤表面上放一些小料加以补充和装饰。

（5）奶酪类

奶酪是一种发酵的牛奶制品，其性质与常见的酸牛奶有相似之处，都是通过发酵制作而成的，也都含有可以保健的乳酸菌，但是奶酪的浓度比酸奶更高，近似固体食物，营养价值也因此更加丰富。西方人喜食奶酪，著名的奶酪品种有蓝纹奶酪、埃曼塔奶酪、比然奶酪、切达奶酪、菲达奶酪、帕尔玛奶酪、斯蒂尔顿奶酪等。

（6）谷物类

虽然西餐中的谷物类食物远没有东亚地区普遍，但西餐做谷物的灵活程度不亚于中餐，最常见的做法介于中国的炒饭和拌饭之间，常用的谷物包括我们相对熟悉的大米、大麦、藜麦、荞麦、玉米糁等，也有我们不太熟悉的法老小麦、小麦碎、粥块、野米等。除了人们熟知的西班牙海鲜饭或意式烩饭外，还有芝士拌饭、得克萨斯－墨西哥玉米楂饭等。

（7）肉类

西餐中的肉类菜品种类丰富多样，每一道菜品都有其独特的口味和风格。无论是经典的法式牛排还是地中海风格的茄子卷配羊肉丁，都能够让人感受到不同文化背景下美食的魅力。在享用这些美味佳肴时，应注意适量摄

入，并注重搭配健康营养的配菜以达到更好的饮食效果。

① 牛肉菜品：牛排是西餐中最受欢迎的菜品之一，通常有三种烹饪方式，即煎、烤和炸。其中最经典的是法式牛排，用高温快速煎制，外焦里嫩。除此之外，还有黑椒牛排、蘑菇汁牛排等多种口味。除牛排外，红酒炖牛肉也是不错的选择。将切好的小块肉与红酒一起慢慢地在锅中焖烧几个小时后，就能够得到香气浓郁和入口柔软的美味佳肴。

② 猪肉菜品：烤猪排是西餐中常见的一道主菜。将厚切的猪排用盐和黑胡椒调味后，在平底锅或者是烤箱中进行高温快速加热，猪排表皮呈现出金黄色并带有微焦感，内部则柔软多汁。此外还有咖喱猪扒、芥末猪扒等口味不同但同样美味的菜式。如果想要更加健康一些，可以选择水果拼盘佐配火腿片作为开胃小食。火腿片可以选用西班牙伊比利亚黑毛猪或意大利帕尔玛火腿等。另外，由猪肉制成的培根、香肠、熏肉等，也深受西方民众喜爱。

③ 鸡肉菜品：烤鸡是西餐中最常见的主菜之一。将整只鸡或者是切好的部位用盐和黑胡椒调味后，在烤箱中进行高温加热，烤鸡表皮呈现出金黄色并带有微焦感，内部则柔软多汁。此外还有奶油白葡萄干鸡肉、柠檬香草烤鸡等口味不同但同样美味的菜式。如果想要更加特别一些，可以尝试墨西哥风格的玉米卷佐配辣味碎鸡肉。

④ 羊肉菜品：烤羊排是西餐中常见的一道主菜。将厚切的羊排用盐和黑胡椒调味后，在平底锅或者是烤箱中进行高温快速加热，羊排表皮呈现出金黄色并带有微焦感，内部则柔软多汁。此外还有红酒焖羊肉、孜然香炸羊肉等口味不同但同样美味可口的菜式。

（8）鱼类

水产品通常是指带有鳍的或带有软壳及硬壳的海水和淡水动物，包括各种鱼、蟹、虾和贝类。水产品一直是人们重要的食物来源。西方国家可食用的水产品也很多，有鲑鱼、鲈鱼、鳟鱼、鳜鱼、鳗鱼、鲟鱼、比目鱼、金枪鱼、鳕鱼、沙丁鱼、石斑鱼等。另外，西方人也喜食鱼子和鱼子酱。

（9）甜点类

西方国家的甜点在全世界享有盛名，主要有法国的马卡龙、可丽饼、玛德琳蛋糕、修女泡芙、拿破仑蛋糕、意大利的提拉米苏、俄罗斯的冰激凌等。

（10）果汁和饮料类

有橙汁、菠萝汁、番茄汁、西柚汁、葡萄汁、苹果汁、咖啡、茶、热鲜奶、朱古力奶等。

4．西方饮食文化中的烹饪方法

西方人饮食同样强调科学与营养，烹饪的全过程都严格按照科学规范行事，菜肴制作规范化。西方的烹饪方法不像中式烹饪方法那样复杂多变，主要的烹饪方法如下。

煎：煎是以小火将锅烧热后，倒入适宜的油，油烧热后将加工处理好的原料倒入，慢慢加热至成熟的烹饪技法。制作时先煎好一面，再煎另一面，也可以两面反复交替煎，油量以不浸没原料为宜，煎时要不断晃锅或用手铲翻动，使食材受热均匀，两面多呈金黄色或表皮酥脆。特点：煎制菜肴色泽金黄、香脆酥松、软香嫩滑，看上去很诱人。

烤：烤是一种长时间用小火直接加热食材，将食材本身的美味锁在其中的烹饪方法。现在几乎都用烤箱来烹饪。由于烤的食材属于块状，因此如何让中间熟透，又柔软多汁，便是需要关注的重点。一般是先将肉块的表面烤定型，然后再慢慢让食材内部也熟透。烤好后的肉块色泽美观，香气四溢，肉汁不容易流出来，柔软且多汁。

焖：焖是一种将肉类与洋葱、胡萝卜、芹菜等香味蔬菜和奶油一起放入锅中，盖上锅盖，以烤箱进行加热的烹饪法。几乎不外加液体，仅利用食材本身的水分来焖烤，成菜后鲜嫩多汁。此烹饪法的重点在于如何让香味蔬菜和奶油的风味融入肉中。

炸：炸是指将食材放入大量热油中加热。油炸之后，食材表面的颜色会呈现一致，内部不仅熟透而且蓬松柔软。此外，这种烹饪方式还能利用油的热度充分去除食材中的水分，将美味激发出来。

炖：炖是一种把食材（肉、海鲜等）放入水或高汤等液体中，平稳加热的烹饪方式。使用的液体有水、盐水、高汤、海鲜汤、葡萄酒或牛奶等。煮过食材的液体，有时会在加热后进行调味，当作汤品或酱汁来使用。

蒸：蒸是一种用少量液体来加热的烹饪方式。一般做法是在鱼片（大鱼多切成片状，小鱼可整尾）中加入葡萄酒或鱼高汤，与香味材料一起用火煮到沸腾。接着用铝箔纸包住加工过的食材，用烤箱制熟。在烤箱中让下面的液体、上面的蒸气平稳地加热食材，创造出蓬松温和的口感。

焗烤：焗烤是在已经熟的食材表面撒上面包粉、奶油等，然后以高温去烤食材的烹饪方式。食材表面会出现恰到好处的焦黄薄层，然后与酱汁（蛋黄酱、番茄酱等）微煮，使酱汁进入食材中。变换酱汁或食材，就能烹饪出风味不同的菜品。

盘烤：盘烤是用高温烤箱快速烤制柔软食材（如鱼类）的烹饪方法。将切薄的鱼片放在盘中，置于烤箱中去烤，中途不必翻面或拿出来。烹饪过程很短，可维持食材本身的味道。

滚煮：滚煮借着大量液体沸腾，引起热对流，食材之间、食材与锅之间不会粘在一起。煮意大利面便是用此方法。

炒：炒是指将加工成丝、丁、片等的食材（量不大）倒入油量较少的油锅中急速翻炒，使食材在较短时间成熟的一种烹饪方法。在炒的过程中一般不加汤汁，如俄式牛肉丝、炒猪肉丝、蘑菇沙司等。成菜后具有脆嫩鲜香的特点。

烩：烩是指将原料初加工（过油或腌制）后加入浓汤汁和调料，先用大火，后用小火使原料成熟的烹饪方法。烩制菜肴用料广泛（肉、禽、海鲜、蔬菜等），具有口味浓郁、色泽鲜亮的特点，如香橙烩鸭胸、咖喱鸡、烩牛舌等。

铁扒：铁扒是指将加工成型（一般为片状）的原料加调料腌制后，放入扒炉上加热至规定的成熟度的一种烹饪方法。扒制菜肴宜选用质地鲜嫩的原料，具有香味明显、汁多鲜嫩的特点，如西冷牛扒、铁扒里脊、铁扒比目鱼等。

串烧：串烧是指将加工成片、块、段状的原料加调料腌制入味后，用扦子穿起来，放在烧烤炉上直接把原料烤炙成熟的一种烹饪方法。串烧类菜肴具有外焦里嫩、色泽红艳、香味独特的特点，如羊肉串、杂肉串、海鲜串等。

5．西方饮食中的一日三餐

西方人一日三餐基本上是以动物源性食物为主、植物源性食物为辅。主要食物是肉类，用量大；而蔬菜、水果、面食的用量相对较少，属于次要但是又不可缺少的食物。这是因为长期以来西方国家以畜牧业为主、农业为辅，动物的养殖技术较高，各种动物原料品种多、质量好、产量大，价格相对较低，而农产品的品种较少、产量大小不等，主要出产小麦、葡萄和少量蔬菜，价格偏高。

西方大多数国家都习惯于一日三餐，并且对每餐的时间及重视程度大致

相同。意大利人、法国人的早餐很简单，通常是一杯咖啡或红茶，配上少量涂有果酱、黄油的面包片、面包段或油酥月牙小面包、羊角面包，也有人喜欢添加一个煎鸡蛋。英国人的早餐尤其是周日的早餐却颇为讲究，通常是先吃麦片粥，然后吃现烤的几道菜，如鸡蛋、火腿和香肠或熏鱼等，最后是涂有黄油、果酱的面包和水果，贯穿其中的饮料是茶或咖啡。午餐多为便餐，许多人常去快餐厅就餐，品种有鱼肉、蔬菜、水果和饮料；也有去酒吧的，通常是要一份三明治、甜点、水果，加上一杯咖啡或牛奶，以简单方便为原则。晚餐则是许多西方人的正餐，颇受重视，主菜突出形色美观、口味鲜美，品种和内容都很丰富。人们常常先吃开胃菜、汤菜，然后是副菜、主菜，最后是奶酪、水果、甜点与咖啡，与正式宴会的格局非常相似。常吃的主菜有牛排、猪排、羊排、炸鸡和火腿等，还配有蔬菜、米饭和面食。

西方正餐中不同类别菜品上桌的顺序依次为开胃菜、汤、副菜、主菜、蔬菜类、甜品、咖啡和茶。

① 开胃菜。西餐的第一道菜是头盘，也称为开胃菜。开胃菜是用餐“前奏曲”，扮演催化剂的角色，使人体内的唾液、胃液尽量分泌。开胃菜有冷热之分，用餐先吃冷的，再吃热的。常见的品种有鹅肝酱、鱼子酱、熏鲑鱼、生蚝、北极贝、生鱼片、奶油鸡酥盒等。因为是要开胃，所以开胃菜一般都具有特色风味，味道以咸和酸为主，而且数量较少，质量较高，做工精细。

② 汤。与中餐不同的是，西餐的第二道菜就是汤。西餐的汤大致可分为清汤、浓汤。品种有牛尾清汤、各式奶油汤、海鲜汤等。冷汤的品种较少，有德式冷汤、俄式冷汤等。

③ 副菜。鱼类菜肴一般作为西餐的第三道菜，也称为副菜。品种包括各种淡、海水鱼类和贝类及软体动物类。通常水产类菜肴与蛋类、面包类、酥盒菜肴品均称为副菜。因为鱼类等菜肴的肉质鲜嫩，比较容易消化，所以放在肉类菜肴的前面。西餐吃鱼讲究使用专门的调味汁，品种有鞑靼汁、荷兰汁、酒店汁、白奶油汁、大主教汁、水手鱼汁等。

④ 主菜。肉、禽类菜肴是西餐的第四道菜，也称为主菜。肉类菜肴的原料取自牛、羊、猪等不同部位的肉，其中最有代表性的是牛肉或牛排。牛排按其部位又可分为沙朗牛排（也称西冷牛排）、菲利牛排、T 骨牛排、薄牛排等。其烹饪方法常为烤、煎、铁扒等。肉类菜肴配用的调味汁主要有西班牙汁、浓烧汁精、蘑菇汁、白尼斯汁等。肉类菜肴的原料也可取自禽类，如

鸡、鸭、鹅等，可煮、炸、烤、焖，主要的调味汁有黄肉汁、咖喱汁、奶油汁等。

⑤ 蔬菜类。蔬菜类可以安排在肉类菜肴之后，也可以与肉类菜肴同时上桌，可认为是一道菜，或称为一种配菜。蔬菜类菜肴在西餐中称为沙拉。沙拉的主要调味汁有醋油汁、法国汁、千岛汁、奶酪沙拉汁等。沙拉除蔬菜之外，还有一类是用鱼、肉、蛋等制作的，这类沙拉一般不加调味汁，在进餐顺序上可以作为头盘食用。还有一些蔬菜是熟食的，如花椰菜、煮菠菜、炸土豆条等。熟食的蔬菜通常是与主菜的肉食类菜肴一同摆放在餐盘中上桌。

⑥ 甜品。西餐的甜品是在主菜后食用的，可以算作是第六道菜。它包括所有主菜后的食物，如布丁、煎饼、冰激凌、奶酪、水果等。

⑦ 咖啡、茶。西餐的最后一道是饮品，一般为咖啡或茶。饮咖啡一般要加糖和淡奶油。茶一般要加香桃片和糖。

6．西方饮食中的就餐方式和礼仪

西方饮食的上菜顺序和用餐礼仪被视为一种重要的社交传统。它被认为是一种高雅的礼仪形式，可以展现出一个人的教养和品位。同时，这种礼仪也体现了欧洲文化中的分享、尊重和感恩等价值观。

西餐一般以刀叉为主要餐具，多以长形桌台为餐桌，正餐中菜品较多。正式的西餐场合比较讲究礼仪。① 在较高档的西餐厅就餐，要在预定时间到达。男士穿正式的服装并打领带；女士要化妆，穿晚礼服或套装和有跟的鞋子；男士应先开门，请女士进入，并请女士走在前面；入座、点酒都应请女士来品尝和决定。必须等大家坐定后，才可使用餐巾，切忌用餐巾擦拭餐具。② 就座时，身体要端正，手肘不要放在桌面上，不可跷足，与餐桌的距离以便于使用餐具为佳。餐台上已摆好的餐具不要随意摆弄。将餐巾对折轻轻放在膝上。③ 使用刀叉进餐时，从外侧往内侧取用刀叉，要左手持叉，右手持刀；切东西用左手拿叉按住食物，右手执刀将其锯切成小块，然后用叉子送入口中。使用刀时，刀刃不可向外。进餐中放下刀叉时，应摆成“八”字形，分别放在餐盘边上。刀刃朝向自身，表示还要继续吃。每吃完一道菜，将刀叉并拢放在盘中。④ 每次送入口中的食物不宜过多，在咀嚼时不要说话。⑤ 喝汤时不要啜，吃东西时要闭嘴咀嚼。不要咂嘴发出声音；喝汤时，用汤匀从内向外舀。⑥ 吃鱼、肉等带刺儿或骨的菜肴时，不要直接外吐，可用餐巾捂嘴轻轻吐在叉上放入盘内。⑦ 就餐时不可狼吞虎咽。

7．西方饮食文化与中国饮食文化的差异

由于历史、地理、文化和生活方式等的不同，西方饮食文化与中国饮食文化存在较明显的差异，主要体现在以下几个方面。

① 饮食观念的差异。中国人的饮食强调感性和艺术性，虽然也讲食物的营养，但更看重、追求食物的口味，多从色、香、味、形等方面来评价饮食的优劣。西方的饮食观念是强调饮食的营养价值，不管食物的色、香、味、形如何，营养一定要保证。

② 饮食内容的差异。中国人的传统饮食习惯是以植物源性食物为主，主食是五谷，辅食是蔬菜，外加少量肉食。而西方人比较注重动物蛋白质和脂肪的摄取，以动物类菜品居多，主要是牛肉、鸡肉、猪肉、羊肉和鱼等，蔬菜多为配菜。西方人还喜爱冷食，而中国人喜欢热食。

③ 饮食方式的差异。在现代中国，无论是家庭用餐还是正式宴席，都是聚餐围坐，美味佳肴放在桌子的中央，共享一席，无须事先进行食物的分配，而是各取所需。而西方人在家庭聚会或是正式宴席上，食物是单盘独碟的，有专人先行分配食物，是一人一份的定量供应。

④ 餐具的差异。中国人的餐具主要是筷子并辅之以匙，以及各种形状的杯、盘、碗、碟，讲究餐具的造型、大小、色彩与菜品的协调，讲究“美器”。而西方人则是盘子盛食物，用金属刀叉即切即吃，餐具的种类、菜肴的造型都较为单调。

⑤ 烹饪方式的差异。中国饮食的烹饪方法多，包括焖、烧、汆、蒸、炸、烩、扒、炖、爆、炒、拔丝等，做出的菜肴更是让人眼花缭乱。西方饮食强调科学与营养，烹饪方法不像中国那样复杂多变，烹饪的过程都严格按照规范行事，菜肴制作规范化。

⑥ 菜名的差异。中国菜的很多菜名往往包含了很多的历史、文化信息。相比之下，西方的菜名要简单得多，炸鸡腿、香辣鸡翅、炸薯条、汉堡包、海鲜汤，大多是以原料加上烹饪方法来命名的。

西方饮食文化与中国饮食文化的差异是明显的，但各有长处。随着经济全球化及信息交换的加快，中西饮食文化将在碰撞中融合，在融合中互补。中餐已开始注重食物的营养性、健康性和烹饪的科学性，西餐也开始向中餐的色、香、味、意、形融合的境界发展。

第4章

西方国家具有代表性的饮食文化

欧洲国家具有相似的文化背景，因而大部分国家具有相似的饮食文化，如食物类别和正餐的上菜顺序大体相近。但由于历史、地理、民族、发展阶段等的不同，不同的西方国家形成了带有浓郁民族特色和地域特征的饮食文化。在西方饮食文化方面，代表性的西方国家有：意大利、法国、英国、德国、西班牙、俄罗斯、土耳其、美国和墨西哥。其中意大利、法国、英国、德国、西班牙都是老牌的西方国家。意大利饮食文化源自古罗马饮食文化，意大利菜被称为欧洲菜之母。法国饮食文化在意大利饮食文化的基础上发扬光大，法国菜成为西方饮食文化的突出代表。土耳其大部分国土在亚洲，小部分在欧洲，但这个地区原是拜占庭帝国的核心区域。土耳其饮食融合了欧洲饮食、阿拉伯饮食等的特点，在世界上享有盛誉。美国是以欧洲移民为主体的西方国家，第二次世界大战后成为西方国家的领头羊，其特有的快餐文化在世界上成为一种时尚。墨西哥原是印第安人的家园，16 世纪成为西班牙的殖民地，现代的墨西哥人大部分为西班牙人和印第安人混血的后裔。墨西哥饮食为西班牙饮食和印第安人饮食的结合体，独具特色，别有风味。

1．意大利饮食文化

意大利是历史悠久的文明古国，位于欧洲南部，包括亚平宁半岛及西西里、撒丁等岛屿，如同一条腿一般插入地中海。意大利国土面积 30 多万平方千米，大部分位于地中海沿岸，海岸线长约 7200 千米。位于北部的波河平原土壤肥沃，农业发达。意大利属地中海气候，夏季炎热，干燥少雨，云量稀少，阳光充足；冬季气候温和，降水量丰沛。受此地理、气候特征的影响，意大利农业形成了耐旱的农作物、木本经济作物与饲养牲畜相结合的特征。农作物中主要是小麦和大麦，其次是燕麦和玉米。葡萄、木本作物油橄榄及无花果是该地区广为种植的经济作物。橄榄油、葡萄酒、柑橘、番茄等

农产品质量享誉世界。

意大利饮食源自古罗马帝国宫廷，有“西餐之母”之美称，在世界上享有很高的声誉。意大利饮食大多也属于典型的地中海风格，崇尚简单、自然、质朴。意大利南北气候风土差异很大，各个地方城邑因长期独立发展，逐渐产生了四个独特的地方菜系。① 北意菜系：以“水城”威尼斯和伦巴第大区首府、时尚之都米兰的地方菜为代表。代表菜有米兰肉饼、米兰通心粉、米兰烩饭、黑墨鱼面、豌豆浓汤等。② 中意菜系：以多斯尼加和拉齐奥两个地方为代表。代表菜有多斯尼加牛肉、菜蓟。③ 南意菜系：以坎帕尼亚、普利亚、撒丁岛为代表，特产包括榛子、日干番茄、马苏里拉芝士、佛手柑油和宝仙尼菌。面食主要有意大利面、车轮粉等。④ 小岛菜系：以西西里为代表，深受阿拉伯文化影响，食风有别于意大利的其他地区，以海鲜、蔬菜以及各类干面食为主，特产为盐渍干鱼子和血柑橘。

意大利烹饪以菜肴精美著称，具有以下鲜明特色：① 菜肴注重原汁原味，讲究火候的运用。意大利菜常以蔬菜、谷物、水果、鱼类、奶酪、冷肉、香肠等为主要原料，使用橄榄油和调味料。意大利菜肴最为注重原料的本质、本色，成品力求保持原汁原味。烹饪方法以炒、煎、烤、红烩、红焖等居多，在烹饪过程中非常喜欢用蒜、葱、番茄酱、干酪。通常将主要材料或裹或腌，或煎或烤，再与配料一起烹煮。意大利菜肴对火候极为讲究，很多菜肴要求烹制至六七成熟。② 巧妙利用食材的自然风味烹饪美馔。烹饪意大利菜，总是少不了橄榄油、黑橄榄、干白酪、香料、番茄与酒。这六种食材是意大利菜肴调理上的灵魂，也代表了意大利当地所盛产与充分利用的食用原料。最常用的蔬菜有番茄、白菜、胡萝卜、龙须菜、莴笋、土豆等。意大利人对肉类的制作及加工非常讲究，如风干牛肉、风干火腿、意大利腊肠、波伦亚香肠、腊火腿等，这些冷肉制品非常适合作为开胃菜和下酒佐食，享誉全世界。③ 以米面做菜，花样繁多，口味丰富。意大利人善做面、饭类制品，几乎每餐必做，而且品种多样，风味各异。著名的有意大利面、比萨饼等。

意大利最具有代表性的饮食简介如下。

比萨：比萨又称为比萨饼、披萨、意大利馅饼等，是一种发源于意大利那不勒斯的食品，在全球颇受欢迎。比萨的通常做法是在发酵的圆面饼上面覆盖番茄酱、奶酪、肉、蔬菜等其他配料，并在烤炉中烤制而成。奶酪通常用马苏里拉干酪，也有混用几种奶酪的形式，包括帕马森干酪、罗马奶酪、意大利乡村软酪或马苏里拉奶酪等。

意大利面：意大利面也被称为意粉，是西餐正餐中最接近中国人饮食习惯的面点。意大利面有很多种类，形状、长短也各不相同，除普通的直身面外还有螺丝型、弯管型、蝴蝶型、空心型、贝壳型等，林林总总数百种。关于意大利面的起源，有说是源自古罗马，也有说是马可·波罗从中国学习制作并经由西西里岛传至意大利的。意大利面原料中的杜兰小麦是最硬质的小麦品种，具有高密度、高蛋白质、高筋度等特点，其制成的意大利面通体呈黄色，耐煮、口感好。除此之外，拌意大利面的酱也比较重要，分为红酱、青酱、白酱和黑酱。

意大利千层饼：意大利千层饼是意大利非常有名的一道菜，一般认为起源于中世纪的那不勒斯。追溯其源头，则可至古罗马。千层饼是由 4 ~ 5 层新鲜的鸡蛋饼组成，每层填入盐、奶油调味汁、番茄酱、博洛尼亚番茄卤肉末和帕尔玛干奶酪，通常做成传统的长条形。

帕尼尼：意大利一种传统的三明治，制作方法为先用意式面包夹好馅料后，再放在专门的烘烤机中加热压烤成热的三明治。帕尼尼中间的馅料可以是火腿、玉米粒、蛋黄酱、莴笋叶子、新鲜马苏里拉干酪，或者柠檬、青椒、小朝鲜蓟等，不同馅料有不同口感，是老少皆宜的美食。

意大利饺子：意大利饺子是一种传统的意大利美食，做法是以面皮做成袋状，然后将肉类或蔬菜简单地包起来，再放入热水中煮熟。外形更像是方形的邮票。传统的意大利饺子馅料有芝士、菠菜、豆蔻、胡椒等。

萨拉米：萨拉米是各种意大利香肠中最出名的一种，不经过任何烹饪，只经过发酵和风干程序。由丰富的香料和肉制成，口感粗糙，略干。不同地区萨拉米所用肉类、制作香料、外形、质地以及准备方法也各自不同。能在室温下长期保存。

意大利火腿：意大利火腿又称帕尔玛生火腿，在成熟过程中没有经过任何的加热，并且吃之前也不用经过人工加热就可以吃。长达一年以上的发酵风干过程，完好地保留了猪肉中的各种营养素，其肉质色泽嫩红，脂肪分布均匀，口感柔软，是老少皆宜的食品。

意大利 T 骨牛排：意大利 T 骨牛排以柔嫩多汁的口感著称。T 骨牛排一般位于牛的上腰部，是一块由脊肉、脊骨和里脊肉等构成的大块牛排。牛排可煎可烤，但想要内部嫩滑，并且肉香扑鼻，最好先煎炸至牛排外表飘香，再慢火煎熟牛肉内部。

米兰炖小牛腿肉：该菜是意大利北部的传统名菜，由小牛腿和白葡萄酒、肉汤、蔬菜一起小火慢炖而成。这道菜大约于19世纪末在米兰附近的一个老店中诞生，用一种由柠檬皮、大蒜和欧芹制成的新鲜调味料调制，现代则使用番茄、胡萝卜、洋葱和芹菜。享用这道菜最好搭配经典的藏红花烩饭。

意大利奶酪：奶酪是意大利最具特色、不可或缺的美食之一，是通过特殊的生产工艺制作而成的，其在口感和味道上与其他奶酪有着明显的差别。意大利奶酪种类很多，味道、风味独特，营养丰富，在世界上广受欢迎。

提拉米苏：提拉米苏是一种带咖啡酒味的意大利甜点，以马斯卡彭芝士作为主要材料，再以手指饼干取代传统甜点的海绵蛋糕，加入咖啡、可可粉等其他材料。吃到嘴里香、滑、甜，口感甘美，丝滑细腻。

2．法国饮食文化

法国位于欧洲西部，地理位置得天独厚，其领土呈近乎对称的六边形，三边临海，三边靠岸。法国国土面积55万平方千米（不含海外领地），为欧盟成员国中面积最大的国家。地势东南高西北低，海洋性、大陆性、地中海和山地气候并存。法国的大部分领土都处于平原和丘陵之上，其中14万平方千米的巴黎盆地是面积最为广阔、土壤最为肥沃的平原。法国农牧业发达，盛产各种农产品、畜肉产品和奶产品，为世界重要的农业生产大国和农产品出口大国。温和的气候、肥沃的土地、丰富的物产以及发达的经济，都给法国的饮食文化提供了非常有利的发展基础。

法国饮食文化的起源可追溯到高卢时期。高卢人是优秀的猎手，肉类是他们的主食。高卢人同时也种植麦类作物，并用其制面包、酿啤酒。随着罗马人的入侵，罗马饮食文化传入法国。中世纪法国饮食文化中，贵族宴会是不可缺少的重要组成部分。在宴会上，菜肴混作一起上桌。大块的肉被切成小条，人们用手直接抓着吃，酱汁非常浓稠且口味较重，馅饼也在餐饮中占有一席之地。中世纪末期，已有用餐后吃馅饼的习惯，这也是现代餐后甜点的雏形。11—13世纪十字军东征及15—16世纪大航海时代，许多异国的食材和香料传入欧洲，进一步丰富了法餐的原料品种。16世纪，法国国王亨利二世迎娶意大利贵族凯瑟琳·美第奇，其随从中有大批厨师、仆人、园艺师和饲养家畜的农民、设计炉灶的工匠等，使得先进而精致的意大利烹饪技艺、华丽的餐桌装饰艺术及烹饪原料、餐具来到法国，迅速推进了法国饮食文化的发展及繁荣。路易十四对美食情有独钟，确立了宫廷礼仪和美食的重

要地位，大力培养本土厨师，提升了厨师的社会地位，使厨师成为一项既高尚又富于艺术性的职业。17 世纪法国著名厨师拉瓦雷纳独创许多新式菜肴，并写了一本在法国饮食文化中有重要地位的书，促进了法国烹饪风格的转变。拉瓦雷纳对于法餐发展具有划时代的贡献，自此建立了法餐独特的烹饪体系。18 世纪法餐的餐桌礼仪也更加规范，菜品按类别有顺序地呈上，餐具材质也逐渐变为银质。在路易十五之前，法餐一直都注重大排场而非精致度，随着法国文化的进一步发展，法餐变得精致与优雅。法国大革命进一步推进了法餐在世界的传播。法国大革命后，大量原先服务于贵族的厨师流入民间，烹饪技艺才得以以一种大众文化的姿态在社会各阶层中流传开来。另一方面，拿破仑率军南征北战，将法餐的影响力传播到了欧洲各个角落，法餐以精致、浪漫、豪华、品味高雅征服了世界，奠定了法国美食的世界地位。20 世纪初诞生的《米其林指南》一书，本义是为了促进汽车旅行，从而能更好地销售米其林轮胎。没想到如今的《米其林指南》已经成为餐馆评级的权威和美食爱好者们的“圣经”，进一步推动了法餐的普及，而米其林的星级评价标准也将法餐推向高雅、奢华的位置。

法国是世界三大烹饪国之一，被称为西餐之王。法国菜大多精致、浪漫、豪华、品味高雅，具有选料广泛、用料新鲜、烹饪方法独特、装盘美观、美味可口、品种繁多的特点；讲究菜的配料、火候、菜肴的搭配、选料的新鲜程度；烹饪时精益求精，追求菜品的风味性、天然性、技巧性、装饰性及颜色搭配。法国菜是优质的食材、精湛的烹饪技能、绝妙的口感和滋味、优雅的餐桌礼仪和精致的生活情调的代表，在世界范围内享有盛誉。

法国人非常重视食材的品质，他们强调用最优质的原料来制作菜肴，注重食物的味道、颜色、形状和质地。法国菜系非常多样化，有各种地区特色和传统菜肴。法国菜的烹饪技术精湛，常用的烹饪方法有烤、炸、氽、煎、烩、煮、焖等，菜肴偏重肥、浓、酥、烂，口味以咸、甜、酒香为主。法国菜十分讲究调味料，常用的香料有胡椒、百里香、迷迭香、月桂（香叶）、肉豆蔻等十多种。调味汁多达百种以上，既讲究味道的细微差别，还考虑色泽的不同。在调味上，用酒较重，并讲究什么原料用什么酒。法国人非常擅长饮品搭配，葡萄酒是法国餐桌上的主角。法国人注重饭前饮酒，餐后品茶，重视饮食与生活的和谐。法国人对用餐礼仪非常讲究，尤其是在正式场合。法国人除了对食物讲究色、香、味及营养外，还特别追求进餐时的情调，比如精美的餐具、幽暗的烛光、典雅的环境等。法国的美食和法国人对

生活的高要求以及审美观有直接的关系。法国人甚至为饮食赋予哲学的意义，将同桌共餐视为一种联络感情、广交朋友的高雅乐趣和享受。

法国最具有代表性的饮食如下。

法国蜗牛：法国人一直将食用蜗牛视为时髦和富裕的象征，烹饪方法一般以烤为主。具体操作为在蜗牛肉上涂一层奶油，再将蜗牛肉与葱、蒜等一起捣碎，拌上黄油和调料，塞进洗干净的完整的蜗牛壳中，然后将“改装”过的“蜗牛”放入底下有6个圆孔的圆形铁盘内，搁在炉火上烘烤。等奶油融化了，一手用钳子夹住蜗牛，一手用叉子将蜗牛肉从壳内挑出，蘸上调味汁或辣椒酱，味道鲜美无比。

法国鹅肝：法国鹅肝是一道以鹅的肝脏为材料而制作成的美食，被欧洲人称为“世界三大珍馐”之一。路易十六时期，鹅肝深受法国宫廷喜爱。在品尝煎鹅肝时最适合搭配甜酒煮成的酱汁，或加入无花果干一起煎，鹅肝的香味能和无花果的风味搭配在一起，吃起来别有一番滋味。鹅肝的精妙之处在于它入口即化、柔嫩细致、唇齿留香、余味无穷。

法国黑松露：黑松露是一种生长于地下的野生食用真菌，浑体呈黑色，带有清晰的白色纹路，其气味芬芳，稍带土味。法国天然黑松露的珍贵程度可与黄金等价，有“一克黑松露一克金”之说。用黑松露烹饪出的佳肴，肉质脆嫩、鲜香浓郁、营养丰富。

法国鱼子酱：鱼子酱可用鳟鱼、鲟鱼、鳕鱼等鱼卵来制作。在鱼子酱的处理过程中，装鱼子酱的容器，以及温度、环境都会对其造成影响。在品尝鱼子酱的时候，先将其中的鱼子咬破，然后再用舌头细细品味鱼子酱。也可以搭配其他的食材品尝，无论是冷盘、美酒还是糕点等，无一不可和鱼子酱配合成绝妙的菜式。

法式牛排：法式牛排为西餐代表菜之一。以牛排为主料，以鸡蛋、面包、小麦面粉为辅料，以盐、胡椒粉为调料，通过煎炸等工序制成。外表焦黄，味酥香、鲜嫩。

马赛鱼汤：马赛鱼汤也称普罗旺斯鱼汤，是用品质好的橄榄油炒香洋葱、番茄、大蒜、茴香，再加入百里香、意大利香菜及月桂叶，并以干橙皮调味，然后放入番红花增加色泽，最后再加入鱼肉、贝壳类食材。因食材丰富，鱼肉新鲜，这道汤味道鲜美无比。

奶油蘑菇汤：奶油蘑菇汤是法国著名的菜品之一，以蘑菇为制作主料，烹饪方法以白烧为主，制作面浆时要不停搅拌，使面浆均匀地化入汤中，至汤汁浓稠。此汤汤浓味鲜，口感浓郁。

法式长棍面包：法式长棍面包由高筋面粉、低筋面粉、酵母等混合后发酵、烘烤制成，通常不加糖，不加奶粉，不加或几乎不加油，是法国最具代表性的面包之一。面包外皮金黄酥脆，内部柔软有韧劲，是法国人日常餐桌上的必备食物。

法式羊角面包：法式羊角面包是以面皮、面粉等为主料制作的甜品。配料中面粉和黄油的比例为3∶1，面包蓬松酥脆，奶香扑鼻。

奶酪：法国奶酪超过上千种，举世闻名。作为原材料的奶可以是牛奶、山羊奶或者绵羊奶；可以是未煮熟的或者是经巴斯德灭菌的。奶酪可分为新鲜而柔软的、半硬的、硬的、蓝纹的和烟熏的五大类。通常食用奶酪时会搭配面包、干果（如核桃）和葡萄。

马卡龙：法式小圆饼，是一种用蛋白、杏仁粉、白砂糖和糖霜制作的，并夹有水果酱或奶油的法式甜点。口感丰富，外脆内柔，外观五彩缤纷，精致小巧。

法国葡萄酒：葡萄酒是用新鲜葡萄果实或果汁，经完全或部分乙醇发酵酿制而成的饮料。法国葡萄酒具有悠久的历史和丰富多样的风味。法国是世界上最重要的葡萄酒产区之一。在法国，葡萄酒和奶酪是经典的饮食搭配。

3．英国饮食文化

英国是由大不列颠岛上英格兰、苏格兰、威尔士以及爱尔兰岛东北部和一些小岛共同组成的一个岛国。面积为24.41万平方千米。英国西北部多山地、高原，东南部为平原，泰晤士河是国内最大的河流。英国属温带海洋性气候，由于受西风和海洋的影响，全年气候温和湿润，冬暖夏凉，终年有雨，动植物资源丰富。由于农业在国内生产总值中所占比重不到1%，其农牧渔业（包括畜牧、粮食、园艺、渔业等）仅可满足国内食品需求总量的2/3，其余依靠进口。

罗马帝国曾经占领并统治过英国，因此影响了英国的早期文化。古罗马人给英国带来了樱桃、大荨麻（在沙拉和汤中经常用到）、卷心菜、豌豆及酒。公元1066年，法国的诺曼底公爵威廉继承了英国王位，带来了法国的饮食文化，也带来了肉桂、番红花、麦芽、肉豆蔻、胡椒、姜等调味料，为传统的英国菜打下了基础。但是受地理及自然条件所限，英国的农业不是很发达，很多食材都需要进口，而且英国人也不像法国人那样崇尚美食，因此英国菜相对来说比较简单，但英式早餐却比较丰富，英式下午茶也是格外的

丰盛和精致。

英国饮食包含英格兰饮食、北爱尔兰饮食、苏格兰饮食、威尔士饮食，以及由此派生的英式印度饮食。英式菜肴的特点：选料局限、口味清淡、原汁原味、烹饪简单。英国菜的烹饪原料选择不多，一般采用单一原料制作，要求厨师尽可能保持其原有的质感和风味。常用的烹饪方法是烤、烘、煎、烧、煮、蒸、烩、炖等，香草和葡萄酒很少用，配菜也比较简单。土豆在英国饮食文化中占有重要的位置，可视为英国人主要的主食。鱼和油炸土豆条是英国传统的快餐食品。英国人在鱼上面裹上面糊放在油中炸熟，然后和炸土豆条一起吃。英国人夏天爱好吃各种果冻、冰激凌，冬天爱好吃各种热布丁。英国人对饮茶情有独钟，尤其爱喝中国的祁门红茶。英国人早餐求快。传统的英式早餐较丰富，有培根、煎蛋、炸蘑菇、炸番茄、煎肉肠、黑布丁、炸薯条等，当然还会有咖啡或茶佐餐，主食一般是炸面包片。英国人午餐很简单，很多人都有一个“打包午餐”，通常包括一个三明治、一包薯片、水果和饮料，15 分钟左右就可解决午餐。英国人晚餐较丰富和讲究，常见的主菜是烤炙肉类、牛排、火腿、鱼类等，还有土豆泥、蔬菜沙拉、布丁、甜点、水果以及各种酒类和咖啡等，因而用餐时间也较长些。

英国饮食具有较大的包容性。中餐、印度餐、意大利餐、法餐与英国各地传统饮食一样受到欢迎。汉堡包、炸鸡、比萨、墨西哥卷饼等外国快餐在英国受到许多民众青睐，成为英国人生活中不可或缺的一部分。这些异国饮食与英国传统美食一道共同构成英国的现代饮食。

最具有代表性的英国饮食简介如下。

炸鱼与炸薯条：炸鱼与炸薯条是典型的英式快餐，是将去了鱼刺和骨头的鱼，切成片后裹上湿面团，然后油炸；炸薯条的方法类似。炸鱼与炸薯条吃的时候配上醋和盐，可以作为一顿饭，也可以只作为点心或零食。炸鱼与炸薯条店遍布英国街头，在新西兰、澳大利亚、美国也很受欢迎。

三明治：三明治以两片面包夹几片肉和奶酪、炼乳等各种调料制作而成，吃法简便。B. L. T. 三明治被当作传统英式早餐（B 表示 Bacon，培根，就是外国的咸肉；L 表示 Lettuce，莴笋；T 表示 Tomato，番茄）。在英国，培根通常与煎香肠、煎鸡蛋、烤番茄、烤蘑菇、烤面包和咖啡搭配，其实就是以培根、莴笋、番茄为主，相互混搭，滋味奇妙。

约克郡布丁：约克郡布丁是英国人周日晚餐的重要组成部分，以独特的牛肉香味闻名世界。它并不是想象中的那种布丁，更像是一种面包，口感也类似软面包，味道略咸，呈咖啡杯的形状，中间凹陷、绵软，外围则香脆，易于吸收肉汁，因此与烤牛肉一起食用为佳。

牛排腰子饼：该菜是极具特色的英国传统美食，是一种烤制的以动物的腰子（动物的肾）和洋葱为馅的馅饼。

牧羊人派：牧羊人派又称为农舍派，是英国的一种传统食物。它并不像西点中的派一样有酥皮，而是用土豆、肉类和蔬菜做的不含面粉的派，烤出来香气四溢，可作为主食。传说牧羊人派起源于18世纪末19世纪初，是家中巧妇集中了丰盛家宴剩下的肉碎，想着抛弃可惜，于是变废为宝做出的一道“边角料”美食。在经历了岁月沉淀，牧羊人派已成为深入民心的一道平实的日常菜。

周日烤肉：周日烤肉是一道英国传统食物，因为传统上一般在星期日食用而得名。它包括烤肉、烤土豆和约克郡布丁、馅料、肉汁等佐料，以及苹果酱、薄荷酱或红醋栗酱等调味料。各种各样的蔬菜可以作为烤肉的一部分，例如，西兰花、球芽甘蓝、胡萝卜、花椰菜、防风草或豌豆，它们可以与肉和土豆一起煮、蒸或烤。

英式牛尾浓汤：将牛尾煮一下，撕去外膜，拆去骨，再用小火煮熟，加洋葱、胡萝卜、番茄酱、面粉等调和、熬煮而成。特点是汤较浓，味鲜而香，适用于午餐和宴会。

香肠配土豆泥：英国大大小小的酒吧和餐厅中，最常被点到的一道菜就是香肠和土豆泥。这道菜的特点是热量高。

黑布丁：黑布丁其实并非布丁，而是一种用动物血、肉、脂肪、燕麦和面包加工成的香肠，是凯尔特人的传统食品，据说也是人类最早自制的菜肴之一。英国人会在早餐时切上几片，和番茄、蘑菇、鸡蛋一起吃。

4．德国饮食文化

德国位于欧洲中部，面积35.8万平方千米。德国的地势南高北低，呈阶梯状。北部为波德平原，中部为中德山地，南部为巴伐利亚高原、阿尔卑斯山脉。德国气候自西向东由海洋性向大陆性过渡。西北部主要为海洋性气候，而东部和东南部的大陆性气候特征显著。德国所处位置纬度较高，光热不足，气候相对寒冷，森林和沼泽较多，无法保证丰富食材的稳定供应。德国的自然条件和历史演进决定了德国人的饮食文化。

德国的自然条件决定了德国人在饮食结构上相对单一的特点，造就了德国人追求实用、节约的良好饮食习惯。“一粥一饭，当思来之不易”，在长期

与饥饿斗争的过程中，德国人深知食物的珍贵，也就自然生成了爱惜粮食的节俭习惯，所以德国人在饮食方面很少铺张浪费。在德国，浪费食物无疑是一种罪愆，用餐时一般要吃光盘中的食物，即使盘中只剩下汤汁或者酱汁，也会用面包蘸取后吃到一滴不剩。

在俾斯麦统一德国之前，德国是一个由三百多个小国组成的四分五裂的国家。这种四分五裂的局面特别容易使德国遭受外来入侵，因此统一之前的德国一直是邻近大国侵略蚕食的对象。近代历史上，德国在两次世界大战中接连落败，这加剧了德国人内心深处的不安和恐惧。虽然战争的硝烟业已散去，但战争时期食物的极度短缺和对饥饿的集体记忆，使德国人养成了储藏、加工粮食，以备不时之需的饮食习惯。在德国，新鲜的食材总是被加工成为易于储藏的形式。无论是肉类、奶制品还是酒水类，无一不是通过食品工业加工延长其保鲜期的：肉类被加工成香肠、火腿、肉排等成品或半成品；鲜奶被加工成黄油、奶酪还有酸奶；市面上还有各种各样方便烹饪的速冻半成品食品和调味料。这种通过食材加工转换延长食品保质期的饮食文化，不只反映了德国人居安思危的忧患意识，其实也是德国人恐惧食物匮乏的真实心理写照。

德国人对饮食不讲究，不求浮华，只求实惠营养。德国人偏好猪肉，大部分有名的德国菜都是猪肉制品，爱好“大块吃肉，大口喝酒”；喜吃水果、奶酪、香肠、酸椰菜、土豆沙拉等。德国的饮食结构相对单一，烹饪方式较为简单（如烤、焖、串烧、烩、清煮、白炖等）。德国菜以酸、咸口味为主，调味较为浓重，甜食、奶制品较多，莴笋品种多样，拥有世界上种类最多的香肠。德国菜丰盛、实惠、朴实。德国美食有德国猪脚、醋焖牛肉、黑森林火腿、德国香肠、德国面包、德国啤酒、德式清豆汤、酸白卷心菜、德式苹果馅饼、煎甜饼等。

最具有代表性的德国饮食简介如下。

德国猪脚：德国猪脚堪称是一道享誉世界的名菜，也是德国人的传统美食之一。德国猪脚通常要选用脂肪较厚的猪后小腿，经腌制后水煮或火烤，并佐以德国酸菜等进食。火烤德国猪脚的特色就在于猪脚皮脆而不干，非常有嚼劲，猪肉也饱满入味。在食用德国猪脚的时候，通常还要配上地道的德国啤酒。

醋焖牛肉：这道菜大多选用牛肉，但也可用其他肉类。烹制前要先将肉在红酒、醋和其他调料配成的酱汁中浸泡10天，这样才能让肉质酥嫩。吃的时候一般配苹果汁炖紫甘蓝。

德国黑森林火腿：该火腿是一种原产于德国黑森林地区的火腿品种，通常是以上乘的猪后腿肉为制作原料，且会在制作时剔除猪骨，利用盐、胡椒、香菜、大蒜和杜松子等混合香料进行调味，并利用传统手工制作方式制成。一块上好的黑森林火腿通常需要一年多的时间才能完全成熟。有着强烈的烟熏香气和芳香辛辣的风味。食用的时候需要切成薄片，可搭配面包片一起食用。

德国香肠：香肠可谓是德国菜肴的代表，香肠种类多达1500种，原料从猪肉、牛肉到蔬菜或者动物内脏都有，烹饪方式也丰富多样。最具代表性的是红肠，将其用油煎至外焦里嫩，香气扑鼻，深深地刺激着人们的味蕾。

德国面包：德国人认为面包是营养丰富、利于健康的食品，吃香肠必有面包与之相配。德国的面包种类大概有500种以上，常见的包括黑面包、酸面包、全麦面包、“八”字形面包及小圆面包。吃面包的时候可夹上奶酪、火腿、香肠或涂些肉酱，非常美味。

德国啤酒：德国啤酒指德国生产的白啤酒、清啤酒、黑啤酒、科什啤酒、出口啤酒和无乙醇啤酒这六大类。德国啤酒只能以大麦芽、啤酒花、水和酵母四种原料制作。近五百年来德国啤酒成了纯正啤酒的代名词。德国生产的啤酒种类高达5000多种。德国是世界著名的啤酒王国，德国每人年均啤酒消耗量为138 L。慕尼黑啤酒节是世界啤酒消耗量最大的传统民间节日。

土豆：德国人吃土豆无论是数量还是吃法都在世界上首屈一指，一日三餐至少两餐吃土豆。德国人把土豆做得十分可口，如煮土豆羹、蒸土豆糕、调土豆酱泥、煎土豆饼、炸土豆条、烤土豆团子等。烹饪时会在土豆中加入各种佐料，还会把土豆做成各种动物形状，吃起来很有情趣。

德国酸菜：酸菜是德国的一种传统食品，用圆白菜或根芥菜腌制，富含乳酸、维生素C、微量元素和膳食纤维等。德国酸菜能开胃、助消化，尤其是与分量不算少的德国肉类套餐搭配时，更能降低菜肴的油腻感，所以常用于搭配肉类产品如香肠或德国猪脚。

酸炖牛肉：酸炖牛肉是一道非常地道的德国菜，只需要将切好的牛肉块加入各种香料和红葡萄酒放到醋中浸泡几天，之后想吃的时候随取随做，炖一炖就能吃了，醋味和香味非常好地融入了牛肉，吃起来酸甜可口，醇香四溢。

苹果酥：德国的苹果酥是德国的传统美食之一，将苹果酥的馅和葡萄干

混合，然后用奶油、鸡蛋和面粉制作成面糊，将混合的馅放入面糊中间，面糊裹满，再放入烤箱中烤熟即可。烤出来的苹果酥，外壳酥脆，内馅甜美，常作为早餐或者下午茶的甜点。

德国豌豆汤：豌豆汤是德国人餐桌上最常见的一道汤，是一道以干豌豆瓣、熟牛肉为主料，土豆、胡萝卜为辅料制作而成的汤品。此汤清香爽口、咸香适中，美味至极。

黑森林蛋糕：黑森林蛋糕是德国非常著名的甜点，因最早出现于德国的黑森林地区，而且外衣裹满了黑色的巧克力碎，故得此名。蛋糕坯薄脆可口，绵密的奶油散发着甜甜的香味，还有外层黑色的巧克力碎，融合了樱桃的酸、奶油的甜、巧克力的苦、樱桃酒的醇香，广受欢迎。

5．西班牙饮食文化

西班牙位于欧洲西南部的伊比利亚半岛，三面环海，地处欧洲与非洲的交界处。西班牙国土面积50.6万平方千米，在欧洲居第四位。西班牙大部分国土气候温和。至2023年，西班牙人口为4820万人。由于地理位置与气候条件得天独厚，西班牙是个资源丰富，农业、渔业和畜牧业极为发达的国家。盛产小麦、大麦、玉米、土豆、番茄、辣椒、甜菜、甘蓝、向日葵、橄榄、葡萄、柑橘、柠檬、杏仁、大蒜、番红花等农产品；其沿海盛产各种鱼类、龙虾、贝类等海鲜；牛羊遍地，畜牧产品非常丰富。

西班牙不仅物产丰富，而且不同的地区和民族都有自己的特色菜肴和风味。此外，由于历史上伊比利亚半岛与外族如古希腊人、古罗马人、西哥特人、犹太人、阿拉伯人等交流、融合十分频繁，一波又一波的移民或入侵者将各自的文化（包括饮食文化）带到这里，使西班牙成为不同文化交流、汇集之地。2000多年前希腊人带来了橄榄种植技术，使西班牙成为橄榄油大国，而橄榄油在西班牙饮食中不可或缺。在8—15世纪，阿拉伯人对西班牙进行了700多年的统治，给西班牙的文化包括饮食文化带来了深刻影响，也带来了稻米、柑橘、柠檬和茄子等食材。在大航海时代，西班牙从美洲引进了许多印第安人驯化的农作物，如玉米、马铃薯、红薯、瓜类、豆类、辣椒、番茄、凤梨、鳄梨、番石榴等。当地丰富的物产和不同时期的外来食物种类极大地丰富了西班牙人的餐桌。在长期的历史演进过程中，西班牙形成了独具特色、丰富多彩的饮食文化。

西班牙美食是地中海饮食的代表，它以橄榄油、大蒜、洋葱、番茄、红辣椒等为主要调味料，以面包、米饭、土豆、豆类等为主食，以肉类、海

鲜、奶酪、火腿等为主要副食。西班牙是美食家的天堂，漫步在西班牙的城镇乡村、大街小巷，随时随地都能发现令人惊艳的美味佳肴，如伊比利亚的火腿、西班牙人最喜欢的开胃小菜它帕、西班牙海鲜饭、西班牙烤乳猪、加利西亚章鱼片、马德里的肉菜汤、安达卢西亚的炖牛尾、巴斯克地区的鳕鱼，还有各式各样的杏仁糖和油炸团子等。西班牙美食汇集了西班牙南北菜肴的烹制方法，以品种繁多、口味丰富、食材新鲜而闻名于世。

最具有代表性的西班牙饮食简介如下。

伊比利亚火腿：伊比利亚火腿堪称火腿中的传奇，由埃斯特雷马杜拉自治区特有的猪种（黑蹄猪）的后腿制成，方法简单、原始。上好的伊比利亚火腿一般是用来配酒食用的，做菜时则十分讲究，要切得很薄，每片都近乎透明，吃的时候可以用手捏食，将整片放入口中慢慢咀嚼，入口即化，食后有一种绵长的醇香在口中长留，具有无可比拟的香气和口感。

西班牙海鲜饭：西班牙海鲜饭源于西班牙鱼米之都——瓦伦西亚，是以当地生产的大米作为原料的一种饭类食品。用鲜虾、鱿鱼、鸡肉、西班牙香肠，配上洋葱、蒜蓉、番茄汁、番红花等焖制而成，烹煮出来的饭粒呈现金黄色。海鲜饭热气腾腾、清香四溢、令人垂涎。

它帕：它帕是西班牙最有特色的著名美食，是饭前开胃的小菜或是正餐之间的点心，在西班牙的饮食文化中占有很重要的位置。西班牙它帕的种类繁多，分为肉类、海鲜和素菜，亦有凉热之分，不过都是咸的。凉食它帕是用面包夹上各种馅料，再配上橄榄油、洋葱末、蛋黄层等制作而成；热食它帕多数是炸制而成的，如炸乌贼、炸小墨鱼、炸鸡翅膀等；素菜它帕有清蒸柠檬素菜、醋拌素菜、酥烤奶油素菜；肉类它帕有烤小羊排、烤猪肉串等。

西班牙烤乳猪：西班牙烤乳猪是西班牙的经典美食。小猪仔以牛油、迷迭香、蒜蓉涂抹好后放入焗炉焗数个小时，其间要不断淋入葡萄酒和撒胡椒粉，烤制成功后，外皮很脆，入口即化，甘香无比，还带着淡淡的香草味。

加利西亚章鱼片：这道菜肴不仅是西班牙北部加利西亚地区的特色菜，也是到访西班牙一定要品尝的美食。章鱼要放在木质的盘子上，章鱼片上面撒粗盐、辣椒粉和橄榄油。它的独特之处在于章鱼的嫩滑和搭配的调味料的完美平衡。

西班牙拉丁果：西班牙拉丁果又称西班牙油条或吉拿棒、吉拿果，最早起源于西班牙。在古老时代的西班牙，牧羊人须随着季节的不同而迁徙以放牧羊群，往往随身所携带的都是一些生活必需品，为了避免累赘，粮食做成

的拉丁果就成为他们最方便携带的随身食品。油炸后的拉丁果酥香，不油不腻，冷热皆宜。

马德里肉菜汤：马德里肉菜汤是西班牙的一道传统汤品，以浓郁的口感和丰富的食材而备受赞誉。这道汤主要由牛肉、土豆、洋葱、胡萝卜等食材烹制而成，汤汁浓郁醇厚，肉质鲜嫩多汁，是一道美味营养的佳肴。

西班牙番茄冷汤：此冷汤流行于夏季酷热干燥的西班牙南部安达卢西亚地区，是西班牙的一道著名汤类美食，以番茄、洋葱等为原料，以胡椒粉、盐等为调料，将食材倒入锅中炖煮制作而成，是当地夏日消暑的首选。

西班牙土豆蛋饼：是用土豆、鸡蛋、洋葱制作的一道西班牙著名的美食，在整个利比里亚半岛随处可见，当地人喜欢在喝酒时配上薯片或这种土豆蛋饼。新鲜烹制的土豆蛋饼风味独特，香气浓郁。

西班牙橄榄油：橄榄油被誉为地中海饮食习惯的灵魂，同样也是西班牙美食的灵魂。橄榄油具有降低胆固醇、防止心血管疾病、改善消化系统功能、防止大脑衰老等功效。世界橄榄油产地集中在西班牙、意大利、希腊、土耳其等地中海沿岸国家。而西班牙橄榄油的产量和出口量均居世界首位，被誉为“世界橄榄油王国”。

6．俄罗斯饮食文化

俄罗斯横跨欧亚大陆，国土面积1700多万平方千米，是世界上国土最大的国家，但大部分国土处于高纬度，其中36%的国土在北极圈内。俄罗斯地形以平原和高原为主，地势南高北低、西低东高。俄罗斯幅员辽阔，拥有广阔的耕地、肥沃的土壤和充足的淡水资源，大部分地区冬季漫长寒冷，夏季短暂。粮食作物主要有小麦、大麦、玉米、马铃薯等，是世界最主要的粮食出口国之一，但蔬菜品种和产量都比较少。

俄罗斯饮食文化更多地受到欧洲饮食文化的影响，呈现出欧洲大陆饮食文化的基本特征。但特殊的地理环境、人文环境以及独特的历史发展进程，也造就了独具特色的俄罗斯饮食文化。由于俄罗斯气候寒冷，所以人们需要摄入较多的能量。传统的俄罗斯食品肉多、油厚、口味较重、分量十足。在俄罗斯大餐中，牛肉、羊肉、鸡肉、鱼肉出现的频率很高，少的反而是蔬菜（由于气候条件，俄罗斯当地的蔬菜产量低且品种单一、价格昂贵），最多是各种各样的沙拉；很多菜在做出来之后，都会额外地加上一层黄油，只有这样才能保证摄入更多的能量，以此抵御漫漫无边的寒冷天气。俄罗斯人喜欢酸、甜、辣味的食物，偏爱炸、煎、烤的烹饪方法。俄罗斯家庭的厨房中最常见的调料是盐、洋葱、大蒜和醋等。由于很多地区长期处于严寒气候下，俄罗斯人习惯提前准备过冬食物，腌制的黄瓜、肉类、果酱是冬日必备品。超市货架随处可见腌黄瓜、腌番茄。酸黄瓜常作为配菜上桌，酸中带甜，能够解油腻。俄罗斯人的饮食结构中主食以面食居多，尤其爱吃用黑麦烤制的黑面包。俄罗斯人很能喝烈酒，具有俄罗斯特色的烈酒伏特加是俄罗斯人的最爱。他们酒量很大，有些人甚至嗜酒如命。除饮酒外，俄罗斯人还喜欢饮茶，尤其对加糖的红茶情有独钟。

曾经有人将俄罗斯饮食简单地描述为“五四三”，即“五大领袖”（面包、牛奶、土豆、奶酪和香肠）、“四大金刚”（圆白菜、洋葱、胡萝卜和甜菜)、“三剑客”（黑面包、伏特加、鱼子酱）。其实俄罗斯饮食远比“五四三”丰富得多。俄罗斯地域辽阔，加上民族多样，东西南北差距很大，各个地方的特产各不同，每个地区都有着自己的生活习惯、饮食传统。如最东边的堪察加半岛和符拉迪沃斯托克（海参崴），当地海鲜尤其是螃蟹，成了美食的代名词；而在西伯利亚地区，由于天气寒冷，只能靠用河湖中的鱼做成的咸鱼和西伯利亚森林中的野味来补充能量；靠近高加索的南部温暖地区，新鲜蔬菜、水果颇为常见。

最具有代表性的俄罗斯饮食简介如下。

俄罗斯黑面包：俄罗斯黑面包又称麸皮面包或全麦面包。其制作的原料并不全是精面粉，而是混合了小麦在磨粉过程中被碾下来的皮层、胚芽、糊粉层及少量胚乳等麸皮。做好的面包坯，放入温度均匀的俄式烤炉内用文火焖烤，出炉时面包外观色泽黑光油亮，切开香软可口而又不掉渣，是黑面包中的上品。黑面包是俄罗斯人餐桌上的主食，既富有营养，还易于消化，对肠胃有益，尤其适于配鱼、肉等荤菜。

红菜汤：红菜汤又称罗宋汤，是俄罗斯最负盛名的佳肴。正宗的俄罗斯红菜汤做法极为讲究，把肉切成小块，把甜菜、白菜、土豆、洋葱、胡萝卜切成丝放进水中，加上盐、糖等调料一起煮，煮好后再浇上酸奶油，有时还加上蘑菇和李子干，味道鲜美。

红烩牛肉：红烩牛肉是一道非常有特色的俄罗斯美食。制作原料主要有牛肉、土豆、胡萝卜等，做好的牛肉非常鲜嫩，口味咸鲜、汁浓，营养丰富。

俄式馅饼：馅饼在俄餐中有着不容忽视的地位。在俄罗斯，馅饼不仅制作方法多样，并且在馅饼用料、形状等多方面也有差异。每逢重要节日、新

年、生日、命名日、婚礼及葬礼，馅饼作为一道重要的菜肴，都是必不可少的。

俄罗斯土豆泥：土豆是俄罗斯重要的主食之一，烹饪方法多变，有土豆条、土豆泥、土豆块等，是非常可口的俄罗斯美食。由于特殊的气候，俄罗斯缺乏蔬菜，人们的选择很少，只有甜菜、胡萝卜、土豆等少数蔬菜能大量种植，所以土豆自然是俄罗斯人的重要蔬菜。俄罗斯是土豆消费大国。在众多的土豆餐中，土豆泥便是代表之一。

俄罗斯沙拉：俄罗斯沙拉是俄罗斯菜中一种传统的沙拉。所需的食材通常是熟土豆丁、胡萝卜丁，腌黄瓜丁、豌豆、洋葱、鸡蛋、鸡肉丁、火腿丁和苹果丁。上述材料与盐、胡椒粉、黄芥末拌匀，并以蛋黄酱在上方装饰即可。

俄罗斯酸黄瓜：黄瓜的吃法非常多，仅是腌制便有许多不同的做法，在黄瓜的众多做法中，俄罗斯酸黄瓜深受大众喜欢。俄罗斯酸黄瓜酸脆入味，不管是用来下饭抑或是下酒都是不错的选择。其制作方法简单，将小黄瓜用盐水浸泡，加上佐料，常温保存让其自然发酵，十天左右，黄瓜变青黄色后即可食用。

俄罗斯饺子：饺子是一种用肉馅、面粉、鸡蛋、洋葱等为原料制成的食品。据说它来自中国，被蒙古人带到西伯利亚，又传入欧洲。在俄罗斯，包饺子的面粉中有时会加鸡蛋，馅儿有肉（一种或多种混合）、蘑菇、胡萝卜、洋葱等。通常与清汤一起食用。俄罗斯饺子因冷冻后易携带、富含营养、容易制作、只需火加热便可食用而广受欢迎。

俄罗斯手抓饭：手抓饭是中亚、西亚地区的菜品，在蒙古人统治时期传入俄罗斯，有各种口味。手抓饭主要原料为羊肉、大米、胡萝卜、洋葱。辅料为大蒜、红色浆果、姜黄粉、咖喱粉、辣椒粉或红辣椒、黑胡椒粉、盐、植物油。俄罗斯手抓饭可谓是俄罗斯的一大经典美食。

俄罗斯洋葱：洋葱是俄罗斯人最喜爱的蔬菜之一。由于俄罗斯夏短冬长，日照不足，所以新鲜的时令蔬菜和水果很少，也很难储存，特别是在漫长的冬季，土豆、胡萝卜、洋葱、圆白菜更是被俄罗斯人称为餐桌上的“四大金刚”，陪伴着千家万户熬过严寒。在俄罗斯，洋葱最普遍的吃法就是生吃，即将洋葱切成丝后和其他的蔬菜一起做成蔬菜沙拉，或者将洋葱丝作为配菜和牛排等主食一起吃，还可以在汉堡包、俄罗斯单片三明治中，夹上一些生洋葱丝。洋葱的另一种做法就是做汤。在俄罗斯一些其他的菜肴中，无论是馅饼、肉丸子还是烤肉，甚至圣诞节大餐等都离不开洋葱。

7．土耳其饮食文化

土耳其位于亚洲西部，横跨欧洲、亚洲两大洲，是连接欧亚的十字路口，为东西方交汇之处。土耳其国土面积78万平方千米，其中97%位于亚洲的小亚细亚半岛，3%位于欧洲的巴尔干半岛。土耳其地形复杂，不同地区气候相差较大，每个地区都有品种不同的蔬菜、水果和谷物产品。得天独厚的地理和气候条件，使土耳其农牧业发达，物产丰富，为土耳其饮食文化的形成和发展提供了雄厚的物质支持。

土耳其历史上曾是古代希腊、波斯帝国、马其顿帝国、罗马帝国的一部分，也是拜占庭帝国和奥斯曼帝国的核心区域。不同时期的多样文明在此交融，使土耳其饮食吸收了希腊、意大利、波斯、中亚、阿拉伯和巴尔干半岛等的饮食精华，融合了西方饮食文化和中东饮食文化的特点，形成了独具特色的土耳其饮食文化。大体可以分为：① 源于小亚细亚半岛的安纳托利亚饮食，具有明显的地中海风格；② 源于奥斯曼的饮食，更接近阿拉伯风格。土耳其菜系上菜的方式和西餐是相同的，菜肴种类繁多、色香味俱佳，在国际上享有较高声誉，被认为是继中国菜、法国菜之后的世界第三大菜系。

“烧”“烤”是土耳其饮食中最常用的烹饪技法。在他们看来无物不可烤，无烤不成食。烤饼、烤肉、烤蔬菜，数不胜数。土耳其饮食以牛羊肉为主，肉的烹饪方式主要有三种：烤肉、炖肉和肉丸，最常见的是烤肉串。此外，蔬菜也很丰富，在各种蔬菜中土耳其人对茄子倍加偏爱，有烤茄子奶酪、香辣茄盒、茄子肉包等。大多数绿叶蔬菜、番茄、黄瓜、青椒、洋葱等用于制作沙拉。烹饪过程中，土耳其人喜欢加入芝士、橄榄油、酸奶、蜂蜜等。为解油腻助消化，进餐时常配以酸奶、红茶、甜菜汁等饮料。土耳其酸奶质感稠厚，奶香浓郁，常常被用来制作饮品、甜点甚至菜肴。主食以面包、面饼为主，也有大米。在土耳其的饮食中，甜点是必不可少的，花样繁多的糕饼、点心以及布丁，令人目不暇接。此外还有各种汤菜及凉菜。

最具有代表性的土耳其饮食简介如下。

土耳其旋转烤肉：用十余种调料对牛、羊、鸡等肉类进行浸泡、腌制后，将肉一层层串起来并反复捶打夯实，叠压起来成为一个巨大的肉坨。肉坨一边旋转一边烤，直到表面微微焦黄，切片后装在盘子内，加上黄油和番茄汁，佐以面包，是一种休闲快餐食品，已成为土耳其街头一道亮丽的风景线。

土耳其肉夹馍：它被世界人民视为土耳其美食的名片。土耳其肉夹馍的面包多为长条形，里面的配菜为洋葱、莴笋、番茄，主菜烤肉多为鸡肉或小牛肉，有时搭配酸奶，是土耳其最负盛名的食物，现已成为一种遍布街头巷尾的休闲美食。

土耳其肉卷饼：它的馅料和传统肉夹馍差不多，区别只在于面饼很接近中式烙饼。里面除了传统配菜，还会放一些薯条和番茄酱。

土耳其烤茄子：烤茄子做法多种多样，最具特色的一种是在茄子内放入小麦、肉馅、大米、蔬菜，然后抹上黄油。放在炉中用大火炙烤后，不仅色彩丰富，而且咸鲜可口。

土耳其烤肉串：烤肉串是土耳其烹饪文化中不可或缺的美食之一。传统的做法是把羊肉、鸡肉或鱼肉串在铁丝上烤，烤熟后香味扑鼻，肉汁丰富，可以和面包一起吃，还可以蘸着土耳其酸奶吃。

卡帕多奇亚陶罐烤肉：该烤肉是土耳其卡帕多西亚地区的一种传统烤肉。通常用羊肉、牛肉或鸡肉与胡萝卜、芹菜、洋葱、大蒜和土豆等蔬菜一起烹制。煮好后，炽热的陶器会被端出来，在顾客面前敲碎。采用陶罐烹制，有助于保持烤肉的新鲜度、香气和风味。

土耳其饺子：土耳其饺子和中国的饺子极为相似，只是包得更加小巧一些，外面是一层面团，里面裹着各种肉馅，如炒过的香料羊肉末和洋葱等。无论是沸水煮熟、蒸熟还是煎熟，人们可根据个人喜好将酸奶酪、大蒜、番茄汁、黄油和红辣椒粉涂撒在上面食用。

土耳其肉丸：这是一道用牛肉或羊肉做成的土耳其传统肉食，常常做成球状或饼状。它既可以搭配三明治，也可以搭配沙拉，还可以搭配咸香的土耳其酸奶。

土耳其比萨：比萨不只是意大利的专属，土耳其也是比萨大国。土耳其比萨形状呈“小船”形，四周和两角都包起来，防止汁水外流，然后在船形底座中装满各种馅料，如羊肉、牛肉、茄子泥、番茄、青椒、奶酪、橄榄油等，再在柴火炉中烤熟，最后在上菜前再往上浇上一层橄榄油。

土耳其面包圈：土耳其面包圈是一种环状面包卷，通常在烘烤前涂上糖蜜并裹上芝麻。这些美味的裹满芝麻的面包散发着令人愉快的香味，松软酥脆。

土耳其薄饼：土耳其薄饼是一道广受欢迎的快餐美食。制作方法简单，由薄饼皮包裹着各种馅料制成。馅料可以包括奶酪、蔬菜和肉类。土耳其薄饼通常在平底锅上烤制成熟，饼皮金黄酥脆。这种薄饼色泽鲜亮，口感丰厚。

8．美国饮食文化

美国位于北美洲中部，幅员辽阔，面积937万平方千米，领土还包括北美洲西北部的阿拉斯加和太平洋中部的夏威夷群岛。美国地处北温带，气候温暖湿润，雨量充沛，土壤肥沃，平原广阔，湖泊众多。美国的自然资源包括海洋资源、矿产资源、森林资源、水资源等。美国是世界上耕地面积最大的国家，农业机械化程度高，农业科技发达，中西部大平原有“世界粮仓”的美誉，主要农畜产品如小麦、玉米、大豆、棉花、肉类等产量均居世界第一位，为世界第一大农产品出口国。得天独厚的地理和气候条件，丰富的食物资源，加之大量移民带来的不同地区的饮食文化相聚于美国，并相互影响和交融，形成了独具特色的美国饮食文化。

由于到达北美的第一批移民大多来自英国、法国、西班牙和荷兰等欧洲国家，因此美国饮食主要受这些欧洲国家特别是英国的影响。早期到达美国的移民，他们更重视精神生活而不太注重物质享受，重视宗教礼仪，提倡勤劳朴实的生活方式，在饮食上追求实用简朴，不讲究食物口味，烹饪过程简单，这种影响持续至今，使美国饮食深深打上了英国饮食的烙印。美国食物的主要结构是“一二三四制”，一是牛肉，二是鸡、鱼，三是猪、羊、虾，四是面包、土豆、玉米、蔬菜。美国人在饮食上一般都比较简单、随便，没有过多的讲究。

在20世纪中期，美国人的生活节奏比较快，在饮食上又不刻意追求美味享受，因此，美国的快餐饮食应运而生，快速发展，并风靡全世界。在美国的城市、乡村，随处都能找到麦当劳、肯德基、汉堡王、赛百味、必胜客等快餐食品连锁店。美国人的日常饮食以快捷、便利、实惠为特点，比萨、热狗、汉堡包、烤牛肉、火腿、三明治、炸薯片、炸鸡、烤馅饼、冰激凌和各种碳酸饮料，都是美国人钟爱的饮食品种。

美国饮食文化中的烹饪方法主要以炸、煎、煮、烤为主。有人戏称美国饮食是“无油炸，不美国”。美国人对于油炸食品的喜爱，可以说是近乎痴迷的状态，在他们眼中，任何食物只要通过油炸，那就可以变成人间美味。方便、饱腹、味道好的油炸食品（炸鸡、炸薯条、炸洋葱圈等）成为许多美国人吃饭时的首选。但是，过量摄入高能量、低膳食纤维和维生素的油炸食品，使美国人肥胖率较高。另外，烧烤是美国饮食文化中的一大特色，人们

经常在户外用炭火烧烤，特别是周末和节假日，常聚在一起吃烧烤，气氛轻松、愉快，充满浓浓的生活气息。

美国是一个多民族的移民国家，融合了来自世界各地的不同种族、不同民族的文化。美国饮食文化自然就是一种多元化的文化，由多个不同的地区和文化交汇而成，如随着大量被贩卖到美国南部种植园做苦力的非洲黑奴的到来，一些非洲的食物原料和调味料（羊角豆、山药、花生等）也被带到了美国餐桌上；19 世纪下半叶，随着在西部修建铁路的中国劳工的到来，各种新颖的中国美食（炸蛋卷、馄饨、炒饭、鸡丝炒面和小排骨等）在美国悄然兴起；意大利移民带来的意大利美食（比萨、卤汁面条、意大利面、肉丸子等）在美国广受欢迎，许多美国家庭也乐意在家中烹饪这些意大利美食。美国的这种多元化饮食的特点，在美国的餐馆、食物和饮料中都得到了充分的体现。走在纽约、洛杉矶等大城市的街道上，来自世界各地（中国、日本、韩国、印度、墨西哥、法国、意大利等）的各种餐馆随处可见，大到富丽堂皇的高档餐厅，小到路边的流动餐车。在美国可以方便地品尝到来自世界不同饮食文化背景下的各种美食。美国如同一个“大熔炉”，汇聚了世界各地的美味佳肴。为了迎合美国人的口味和饮食习惯，外来的饮食在相互交融中逐渐美国化，极大地丰富了美国饮食文化。

美国幅员辽阔，不同地方的食材种类随地域变化而不同，饮食特色也有所差异。东北地区有英国、法国、爱尔兰特色的新英格兰菜及纽约菜，以海鲜、汤类、面包等为主；南部及西南地区有墨西哥特色的得克萨斯州菜，具有法国、西班牙、非洲特色的路易斯安那菜，具有古巴、南美热带岛屿特色的佛罗里达菜，以辣味、烧烤、蒸煮和炸食为主；中部有德国、荷兰及北欧特色的芝加哥菜，以肉类、蔬菜、奶制品为主；西部有丰富的海鲜及河鲜和品种繁多的蔬菜、水果，有著名的加利福尼亚州菜。

美国饮食文化中最具独创性的是感恩节及其饮食。美国的感恩节为每年 11 月第四个星期四。在美国，感恩节像中国的春节一样，感恩节当天，成千上万的人不管多忙，都要和自己的家人团聚，大家一起享受一顿丰盛的节日晚餐。火鸡是感恩节的传统主菜，通常是在火鸡肚子内塞上各种调料和拌好的食品，然后整只烤出，鸡皮烤成深棕色，由男主人用刀切成薄片分给大家。然后各自浇上卤汁，撒上盐，火鸡肉味道十分鲜美。此外，感恩节的传统食品还有甜山芋、玉米、南瓜饼、果酱、面包及各种蔬菜和水果等。

最具有代表性的美国饮食简介如下。

汉堡包：汉堡包种类众多，食用方便。它由一个肉饼（鸡肉、牛肉、鱼肉、火腿等）夹在两片面包中，再加上奶酪及其他配料如莴笋、番茄、洋葱和酱汁。无论是快餐店还是高级餐厅，汉堡包都是美国大众喜爱的美味之选。

炸薯条：炸薯条口感酥脆，内外松软，是在美国及全世界非常流行的一种食物，是汉堡包的绝佳搭配。美式炸薯条比法国和比利时的薯条细一点，其做法是将土豆去皮，洗净切条，放入碗内，加盐、蛋黄、吉士粉拌匀待用。锅内注油烧至五成热，下入薯条，用小火慢炸，炸至金黄色取出装盘即可。

三明治：三明治制作方便，味美，种类多，一般作为早餐和午餐食用，搭配牛奶、咖啡等饮品。三明治用简单的几片面包夹着几种食材组成，如火腿、鸡肉、莴笋、番茄和酱汁，是美国人最喜爱的快餐之一。

烤火鸡：烤火鸡是美国的传统美食之一。火鸡在感恩节、圣诞节等盛大节日都是餐桌上必不可少的一道主菜。烤火鸡最经典的做法就是将西芹、洋葱、土豆等食材塞进一只火鸡的肚子中，表面抹上香料腌制后放入烤箱中烤熟。烤熟后的火鸡外皮呈深棕色，油亮诱人，肉质嫩滑鲜香。

芝加哥热狗：热狗是美国芝加哥地区的特色美食。热狗层次鲜明，口感丰富，种类众多，制作方法简单，由一个热狗肠夹在流行的芝加哥面包中，再加上黄芥末酱、腌黄瓜、番茄、洋葱、辣椒和芥末等配料。

芝加哥深盘比萨：比萨是来自意大利的美食，通常由面饼、番茄酱、奶酪和各种令人喜爱的配料制成，如今已成为美国人最喜爱的美食之一。芝加哥深盘比萨以其饼大而厚、旋转切割完美和浓缩的番茄酱而著名，独具一格，充满着美味的诱惑。

苹果派：苹果派酥皮金黄，苹果馅酸甜，是美国传统节日中必不可少的甜品。制作过程简单方便，一般是需要把苹果制作成苹果泥，然后采用面粉做派皮，最后再烘烤至皮金黄。每个家庭都可能有一个独家的苹果派制作配方。

墨西哥鸡肉卷：墨西哥鸡肉卷源于美国，融合了拉丁美洲和西班牙的风味，使用荷叶饼裹着炸脆的鸡肉，再加上蔬菜等配料一起吃。脆脆的鸡肉和各式蔬菜、调味酱在口腔内融合，配上嚼劲十足的荷叶饼，怎么吃都不会腻。

波士顿龙虾：波士顿龙虾是美国东海岸的特色美食，肉鲜嫩多汁，经过

烹饪后，可以搭配黄油蘸酱或蒜蓉酱。

炸鸡：美国炸鸡种类众多，常见的有炸鸡排、炸鸡翅、炸鸡腿等。炸鸡外酥里嫩，吃炸鸡一般会蘸各种各样的酱，有时候还会搭配华夫饼一起吃。

美式烧烤：美国各地的烤肉都有自己独特的风格和酱汁，在美国受欢迎的烧烤有得克萨斯州的牛腩肉、北卡罗来纳州的手撕烤猪肉、亚拉巴马州的直火烤肋排和白酱熏鸡等。美国人喜欢一次性地将很多食物（如排骨、鸡胸肉、玉米、牛肉、猪肉等）放在烤架上烤，搭配凉拌卷心菜、甘蓝和芝士一起吃，既能满足口感的需求也能保证维生素的摄入。烧烤也是一种社交活动，家人和朋友们会相聚在户外场地，共享美食与欢乐。

华夫饼：华夫饼又叫作格子饼、压花蛋饼，是一种常见的烤饼。华夫饼在不同的地方也有着不同吃法，如美国人吃华夫饼时喜欢抹枫糖汁。美式华夫饼饼身比较薄，常在早餐时吃，除了可配黄油、糖浆外，还可搭配草莓、蓝莓、覆盆子、香蕉等水果一起吃，也可配冰激凌，有时亦会作为甜品食用。

9．墨西哥饮食文化

墨西哥是一个位于北美洲南部的国家，面积 197 万平方千米，全境宛若鱼尾，呈北宽南窄状，约 5/6 国土是高原和山地，中央为墨西哥高原，终年气候温和，冬无严寒，夏无酷暑，四季树木常青，自然条件优越。主要农作物有玉米、小麦、棉花、咖啡、甘蔗、剑麻等。印第安人培育出了玉米、红薯、土豆、辣椒等农作物，玉米是墨西哥民众的主食。墨西哥气候以大陆性气候为主，很多地区干旱少雨，尤其是北部，气候干燥，而仙人掌非常适合在干燥的环境中生长，因此墨西哥有“仙人掌之国”的美称，当地人喜食仙人掌，可用仙人掌为食材制成多种佳肴。

墨西哥饮食文化一方面传承了古印第安饮食文化；另一方面由于曾受西班牙长达 300 多年的殖民统治，不可避免地受到欧洲（特别是西班牙）饮食文化的强烈影响。墨西哥饮食是由西班牙饮食和印第安人饮食长期融合而逐渐形成的，独具特色，丰富多样，别有风味，在国际上享有盛誉。墨西哥被认为是继中国、法国、土耳其、意大利之后的世界第五大美食王国。

生活在墨西哥的印第安人（玛雅和阿兹特克人）的饮食对于今天的墨西哥饮食仍有着深远的影响。印第安人的饮食以玉米、豆类、辣椒、巧克力、海鲜、火鸡肉为主要食材。玉米是印第安人的主要粮食，他们会将玉米制成各种食品，如玉米面饼、玉米糊糕和炸玉米面球等。豆类和火鸡肉也是印第安人的主要蛋白质来源，他们会将豆类和玉米混合在一起制成菜肴，或将火鸡肉制成香味浓郁的烤肉。此外，印第安人非常喜欢辣椒，他们会将辣椒磨成粉末与香料混合制成各种调味料，用来增加菜肴的味道和口感。印第安人通常将海鲜烹饪成汤或配上其他蔬菜一起食用，或将巧克力磨成粉末，然后与水和辣椒混合在一起制成巧克力饮料。这些源自古印第安人的饮食及饮食习惯，至今仍广泛见诸墨西哥饮食文化中。

阿兹特克帝国被西班牙殖民者征服之后，墨西哥境内涌入了大批西班牙移民，带来了牛、马，以及小麦、大麦、黑麦等各种谷物，引入新的食材（猪肉、牛肉、家禽、奶酪、面包、葡萄酒和橄榄油等），以及喝牛奶、吃面包的生活习惯；另外，还带来了许多香料（如黑胡椒、白胡椒、肉桂、姜、罗勒、迷迭香等）、多种保存食品的工艺（如制作肉肠、晒水果干、腌肉等）及多种烹饪方法（如烤、炸、煮、蒸等）。西班牙饮食文化与古印第安饮食文化的融合极大地推动了独具特色、口味浓厚、色彩绚丽、丰富多样的墨西哥饮食文化的形成和发展。

墨西哥饮食具有以下鲜明的特色：① 玉米食品特别多。早在哥伦布发现新大陆之前，居住在墨西哥的印第安人就培育出了玉米，墨西哥因此有“玉米故乡”之称。除将玉米煮熟食用外，墨西哥人会用玉米面做各种花样的小吃和菜肴，比如墨西哥传统小吃“塔可”（玉米卷饼）、玉米粽子、玉米饺子等。② 除玉米之外，墨西哥食物中另外一种重要食材就是各种豆子，豆泥是用油和盐调味的一种特色主食，同样是餐桌上的常客。③ 有很多辛辣的食物，如用辣椒、番茄、香菜和洋葱混合的凉菜，以及用辣椒、鸡肉、奶酪和馅料制成的各种风味小吃。墨西哥餐桌上必备的物品是各种酱料，而辣椒酱则是必不可少的。墨西哥辣椒酱分为红、绿两种，红色的是用红辣椒和番茄酱配制，绿色的则是用绿辣椒和仙人掌调制。④ 仙人掌菜有独特的风味。在墨西哥，仙人掌是一种常见的蔬菜，生吃、熟食均可，墨西哥人或把它去皮切碎，做成沙拉，或与各种肉类一起烹制，或者烤熟抹上辣椒酱食用。⑤ 墨西哥菜色泽都比较鲜艳，很能刺激食欲。基本上每一道菜品都是以红、白、绿三种颜色为基调，再辅之以其他色彩。⑥ 墨西哥餐桌上常摆放多种当地的特色水果，如香蕉、菠萝、橙子、木瓜、柠檬、葡萄、牛油果、莲雾、芒果，以及作为水果食用的仙人掌的嫩果。⑦ 墨西哥人爱喝当地酿造的特色酒，有风靡全球的龙舌兰酒（龙舌兰是一种在墨西哥常见的多年生草本植物，是仙人掌的一种）、玉米酒、香蕉酒等。

最具有代表性的墨西哥饮食简介如下。

墨西哥卷饼：墨西哥卷饼也叫塔可，是墨西哥最具代表性的美食之一。在一张玉米薄饼上放入火上烤制过的猪肉、牛肉或鸡肉粒，再根据个人喜好加上香菜、洋葱和各色辣椒酱，也可添上芸豆、土豆泥、腌制仙人掌条等，用手将玉米饼卷成筒状即可食用。墨西哥卷饼食用方便、味道可口、价格合适、营养全面，广受民众喜爱。

墨西哥薄饼：墨西哥薄饼是墨西哥传统美食，基础原料是炸玉米饼和奶酪。在饼中填满蘑菇，肉类以及各种蔬菜等，再配上鳄梨酱、酸奶油等。墨西哥薄饼口感非常浓郁。

墨西哥玉米片：墨西哥玉米片是一道墨西哥特色十足的美味菜肴。玉米片以玉米面团压切，再炸至金黄色。墨西哥玉米片口感酥脆，香味浓郁，可以作为零食食用，也可作为其他菜肴的配料。

墨西哥辣椒酱：墨西哥辣椒酱是墨西哥菜肴中的重要调料之一，是用新鲜的辣椒、洋葱、番茄、柠檬汁等原料制成的。不同的墨西哥辣椒酱口味各异，有些非常辣，有些则比较甜。在墨西哥人的餐桌上，墨西哥辣椒酱是必备品，是许多传统菜肴的重要配料，如墨西哥卷饼、烤玉米饼等。

墨西哥鳄梨酱：鳄梨酱是一种以鳄梨为基础的蘸酱、涂抹酱或沙拉酱。在现代墨西哥菜中，其作为蘸料、调味料和沙拉的配料，能够使肉类、蔬菜等食物更加美味可口。

墨西哥玉米肉汤：墨西哥玉米肉汤是墨西哥极具特色的传统珍馐。首先要将猪肉、牛肉或鸡肉放入锅内，配以清汤、盐、香草、大蒜和洋葱等长时间炖煮；同时将玉米粒在水中煮至发软，再将玉米粒和香浓的辣椒酱加入大锅内与肉类混煮，直至肉类完全酥烂，香气四溢。

墨西哥托底拉汤：墨西哥托底拉汤是最具墨西哥特色的传统汤菜。鸡汤用番茄、洋葱、大蒜等熬制，吃的时候，先把墨西哥薯片和玉米粒放在一个空碗中，然后倒入汤，最后加入鳄梨酱。一口喝下去，那种极强的酸味和蒜香味冲鼻，极具墨西哥风情。

墨西哥烤肉：墨西哥烤肉是墨西哥美食中不可或缺的一部分。墨西哥人通常会选用牛肉、猪肉、鸡肉等肉类制作烤肉，先将其切成小块，用炭火烤至熟透后再佐以玉米面饼、墨西哥辣椒酱、番茄、洋葱等配料，味道香辣可口。

墨西哥炖菜：墨西哥炖菜的主要原料包括牛肉、猪肉、鸡肉、豆类、番茄等，还会添加一些墨西哥特色的调味料，如辣椒粉、玉米面、肉桂和豆蔻等，在慢火下炖煮，形成浓郁的口感和香气。在墨西哥炖菜中，最受欢迎的是"烤牛肉炖菜"，它是用牛肉块、洋葱、番茄和辣椒等调味料炖制而成的。

墨西哥粽：墨西哥人也有吃粽子的习俗，他们把粽子称为"达玛尔"。主要是用黄色的玉米面来制作，粽子内包有肉块、奶酪、水果、蔬菜、辣椒等，外面再用玉米叶或香蕉叶来包裹，蒸熟即成。

仙人掌：在墨西哥，仙人掌是一种常见的蔬菜，生食、熟食均可。墨西哥人或把它去皮切碎，做成沙拉；或与各种肉类一起烹饪；或者烤熟后抹上辣椒酱食用。此外，仙人掌还可以制成罐头、酱料等食品，广泛应用于墨西哥的美食中。如果说中国人有一百种包饺子的方法，那么墨西哥人就有一百种烹饪仙人掌的方法。

第 5 章

食品和食品安全

如何才能“吃好，吃得健康、营养、安全”？要“吃好”的先决条件是食物供应丰富，各种食材应有尽有；其次是食物要“好吃、味美”。要“吃得健康、营养、安全”，实际上涉及食品营养和食品安全这两个基本问题。营养是对食品的第一要求。要保持人们良好的身体状况，要求食物中提供的营养不仅种类齐全、数量足够，而且要求各种营养成分之间的比例适当。食品安全则要求食品中除营养素之外的其他物质不对人体产生毒害作用。

本章将介绍食品和食品安全的相关概念。

一、食品

1. 定义

食品是有严格定义的，但不同层面上食品的定义有所不同。《中华人民共和国食品安全法》第一百五十条从国家层面对“食品”的定义如下：食品，指各种供人食用或者饮用的成品和原料以及按照传统既是食品又是中药材的物品，但是不包括以治疗为目的的物品。《食品工业基本术语》（GB/T 15091—94）从食品工业这一行业的层面对食品的定义为：可供人类食用或饮用的物质，包括加工食品、半成品和未加工食品，不包括烟草或只作药品用的物质。从食品卫生立法和管理的角度，食品的概念更为广泛，涉及所生产食品的原料，食品原料种植、养殖过程中接触的物质和环境，食品的添加物质，所有直接或间接接触食品的包装材料、设施以及影响食品原有品质的环境。

从以上不同层面的食品的定义可以看出：① 烟草及以治疗为目的药品不能看成食品。② 传统上既是食品又是中药材的物品，可看成食品。事实上也是这样，我国民众熟知的许多食材（如山药、百合、杏仁、大枣等）都具有药食两用的功效。③ 食物在种植、养殖、加工、储藏等过程中，不可避免地要与其他物质和环境接触，比如在农作物种植过程中，为防止病虫害，经常要施用各种农药；在动物饲养及水产养殖过程中，为预防动物疾病或促进动物生长，往往在动物饲料及鱼饲料中添加一些兽药；环境中的一些物质（如重金属）会污染水体和土壤，用被污染的水浇灌农作物或在污染的土壤上种植农作物，都可能使农作物中环境污染物的含量较高；在农作物的储存中，特别在我国南方地区，农作物经常发生霉变，产生霉（真）菌毒素；在我国传统的腌制食品中，往往含有一定浓度的有毒物（亚硝酸盐、亚硝胺等）；在现代食品工业中，为保障食品质量、延长保存期或达到其他目的，会人为地加入一些食品添加剂……因此，食品中除了营养成分外，还混入了其他的物质。毫无疑问，除了食品的色、香、味（主要由食材及烹饪方法达成），人们对食品的关注重点主要在两个方面：食品中营养成分的种类、性质、功能及其均衡性等；食品中混入的有毒有害物（如农药、兽药、重金属、真菌毒素等）对人体健康的影响。

2．食品应该具备的基本条件

食品应该具备以下三个基本条件。

① 必须具有其本身应有的营养价值。这是构成食物的基本要件。没有营养的物品不能称为食物。

② 正常摄食条件下，不应对人体产生任何有害的影响，即食品必须保证不致人患急、慢性疾病或者潜在性疾病。实际上食物中可能存在的有毒有害物不对人体发生任何有害影响很难做得到。人们可以追求的是尽量减少有毒有害物在食品中的存在，尽量降低这些物质对人体健康的损害。

③ 应具有良好的感官性状（色、香、味、外形及硬度等），以符合人们长期形成的饮食习惯。

3．食品的功能

食品对人体的作用主要有两大方面，即营养功能和感官功能，有的食品还具有调节作用。

① 食品的营养功能是指食品能提供人体所需的营养素和能量，满足人体的营养需要，它是食品的主要功能。

② 食品的感官功能是指食品能满足人们不同的喜好要求，即对食物色、香、味、形和质地的要求。良好的感官性状能够刺激味觉和嗅觉，兴奋味

蕾，刺激消化酶和消化液的分泌，因而有增进食欲和稳定情绪的作用。

③ 食品的调节功能表示食品可对人体产生良好的调节作用，如调节人体生理节律，提高机体的免疫力，降血压、降血脂、降血糖等，如芹菜的降血压、海带的降血压和降胆固醇、核桃的健脑、绿豆的清热解毒作用等。因此，凡是具调节功能的食品称为功能性食品或保健食品。

4．食品的分类

根据食物的来源可把食品分为以下两类。

① 植物源性食品，即可食植物（如谷物类、蔬菜类、水果类、菌类等）的根、茎、叶、花、果、籽、皮、汁，以及食用菌和藻类，或以其为主要原料的加工制品。

② 动物源性食品，即动物体（如兽类、禽类、水产类等）及其产物的可食部分，或以其为原料的加工制品。

根据食品原料种类、加工工艺、保存方法、产品特点等的不同，可把食品分为：粮食加工品，食用油、油脂及其制品，调味料，肉制品，奶制品，蔬菜制品，水果制品，坚果制品，蛋制品，可可及焙烤咖啡产品，糖制食品，薯类食品，水产制品，淀粉及淀粉制品，豆制品，蜂产品，茶叶及相关制品，酒类，糕点，饮料，饼干，传统食品，干制食品，腌制品，烘焙食品，熏制食品，膨化食品，速冻食品，罐藏食品，预包装食品，方便食品，特殊营养食品，婴幼儿食品，强化食品，天然食品，模拟食品等。

5．食品中的成分

食品中的成分可以简单地划分为内源性物质成分和外源性物质成分。

① 内源性物质成分：是食品本身所具有的成分，分为无机物和有机物2种类型共15种成分，是食品构成中的主要内容。无机物成分包括水和无机盐2种；有机物成分则包括蛋白质、糖类（含纤维素）、脂质、维生素、核酸、酶、激素、乙醇、生物碱、色素成分、香气成分、呈味成分和有毒成分，共计13种。

② 外源性物质成分：是食品从加工到摄食全过程中人为添加的或混入的其他成分，包括食品添加剂和污染物质两类，一般在食品中所占比例很小，但它们对食品的影响却是很大的。

6．营养素

营养素就是食物中能被人体消化、吸收和利用，并能维持人体正常新陈代谢、生长发育和劳动能力的有机和无机的必需物质。人体所需要的营养素有几十种，按化学性质可概括为六大类，即蛋白质、脂类、糖类、无机盐（亦称矿物质）、维生素、膳食纤维。

六大营养素中，人体每天需要以食物摄入的蛋白质、糖类、脂类的量较多，它们被称为宏量营养素；而摄入维生素（包括水溶性和脂溶性维生素）和矿物质（包括常量和微量元素）的量较少，它们被称为微量营养素；此外，人体每天需要摄入足够量的膳食纤维。

六大营养素按功能进行分类，又可分为：

① 供能的营养素，包括糖类、脂类、蛋白质。

② 构成、助生长、修补组织的营养素，包括蛋白质、矿物质、维生素。

③ 调节机体生理功能的营养素，包括蛋白质、矿物质、维生素。

7．营养与合理营养

营养是指人体为了维持正常生理、生化和免疫功能以及生长、发育、代谢和修补组织等生命现象的需要而摄取和利用食物的综合过程，即通过摄取食物，经过体内消化、吸收和代谢，利用食物中对身体有益的物质来构建机体组织器官，满足生理功能和体力活动的需要。另一方面，营养也表示食物中营养素含量的多少和质量的好坏。

合理营养指通过合理的膳食和科学的烹饪加工，能向机体提供足够数量的热能和各种营养素，并保持各营养素之间的数量平衡，以满足人体的正常生理需要，保持人体健康。合理营养可维持人体的正常生理功能，促进健康和生长发育，提高机体的劳动能力、抵抗力和免疫力，有利于某些疾病的预防和治疗。缺乏合理营养将产生障碍以致发生营养缺乏病或营养过剩性疾病（如肥胖症和动脉粥样硬化等）。

8．保健食品

随着人民生活水平的提高，出现了许多针对中老年人或其他特殊需要人群的保健食品。保健食品具有一般食品的共性，其原材料主要取自天然的动植物，经先进生产工艺，将其所含丰富的功效成分的作用发挥到最佳，从而能调节人体机能，是适用于有特定功能需求的相应人群食用的特殊食品。健康食品按功能可分为：营养补充型、抗氧化型、减肥型、辅助治疗型等。其中，营养素补充剂的保健功能是补充一种或多种人体所必需的营养素。而功能性健康食品，则是通过其功效成分，发挥具体的、特殊的调节功能。无论

是哪种类型的健康食品，都是以保健为目的，需要长时间服用方可使人受益。

9．食品污染

食品本身不应含有有毒有害的物质。但是，食品在种植或饲养、生长、收割或宰杀、加工、储存、运输、销售到食用前的各个环节中，由于环境或人为因素的作用，可能受到有毒有害物质的侵袭而造成污染，使营养价值和卫生质量降低。这个过程就是食品污染。

食品污染分为化学性污染、生物性污染及物理性污染三类。

① 化学性污染是由有毒有害的化学物质污染食品引起的。目前危害最严重的是化学农药、有害金属、多环芳烃类，如苯并（a）芘（BaP）、N-亚硝基化合物等化学污染物。滥用食品加工工具、食品容器、食品添加剂、植物生长促进剂等也是引起食品化学污染的重要因素。

② 生物性污染是指有害的细菌、真菌、病毒及寄生虫等引起的食品污染。细菌有许多种类，有些细菌如变形杆菌、沙门氏菌、大肠杆菌等可以直接污染动物源性食品，也能通过工具、容器、洗涤水等途径污染动物源性食品，使食品腐败变质。真菌的种类很多，其中有些真菌会产生毒素，毒素的毒性不同，其对食品的污染多见于南方多雨地区。毒性最强的是黄曲霉毒素，食品被这种毒素污染以后，会引起动物原发性肝癌。对食品产生较严重污染的还有赭曲霉毒素、玉米赤霉烯酮、呕吐毒素等。

③ 食品的物理性污染通常指食品生产加工过程中的杂质超过规定的含量，或食品吸附、吸收外来的放射性核素所引起的食品质量安全问题。

在食品安全领域中，人们更多地关注食品中的化学性污染物和生物性污染物对人体健康的危害。

10．无公害食品

无公害食品是指无污染、无毒害、安全优质的食品。在我国，无公害食品生产地环境清洁，按规定的技术操作规程生产，将有害物质控制在规定的标准内，并通过部门授权审定批准的食品，可以使用无公害食品标志。无公害食品主要来自全国各大无公害示范基地。所有纯天然无公害农产品均经过严格挑选，流程可溯。同时具备完善的物流配送体系，产品在配送过程中采取全程冷链保鲜运输技术。

11．绿色食品

绿色食品是指产自优良生态环境、按照绿色食品标准生产、实行全程质

量控制并获得绿色食品标志使用权的安全、优质食用农产品及相关产品。绿色食品标准共分为两个技术等级，即AA级和A级。

① AA级绿色食品标准要求生产地的环境质量符合《绿色食品产地环境质量标准》，生产过程中不使用化学合成的农药、肥料、食品添加剂、饲料添加剂、兽药及有害于环境和人体健康的物质，而是通过使用有机肥、种植绿肥、作物轮作、生物或物理方法等技术，培肥土壤，控制病虫草害，保护或提高产品品质，从而保证产品质量符合绿色食品产品标准要求。

② A级绿色食品标准要求产地的环境质量符合《绿色食品产地环境质量标准》，生产过程中严格按绿色食品生产资料准则和生产操作规程要求，限量使用限定的化学合成物质，并积极采用生物方法，保证产品质量符合绿色食品产品标准要求。

12．有机食品

相较于无公害食品和绿色食品，有机食品的等级最高。无公害食品是普及品，绿色食品是优良品，有机食品则是精品。有机食品也叫生态或生物食品等。有机食品是国际上对无污染天然食品的比较统一的提法。从物质的化学成分来分析，所有食品都是由含碳化合物组成的有机物质，都是有机的食品，没有非有机的食品。因此，从化学成分的角度，把食品称作“有机食品”是没有意义的。这里所说的“有机”不是化学上的概念，而是指采取有机的耕作和加工方式。有机食品是指按照这种方式生产和加工的，产品符合国际或国家有机食品要求和标准，并通过国家有机食品认证机构认证的一切农副产品及其加工品，包括粮食、食用油、菌类、蔬菜、水果、坚果、奶制品、禽畜产品、蜂蜜、水产品、调味料等。

有机食品的主要特点是来自生态良好的有机农业生产体系。有机食品的生产和加工，不使用化学农药、化肥、化学防腐剂等合成物质，也不用基因工程生物及其产物，因此，有机食品是一类真正来自自然、富营养、高品质和安全环保的生态食品。

有机食品主要包括一般的有机农产品（例如，有机杂粮、有机水果、有机蔬菜等）、有机茶产品、有机食用菌产品、有机畜禽产品、有机水产品、有机蜂蜜产品、有机奶粉、采集的野生产品及用上述产品为原料的加工产品。国内市场销售的有机食品主要是蔬菜、大米、茶叶、蜂蜜、杂粮、水果等。

二、食品安全

1. 食品安全的概念

“食品安全”是1974年由联合国粮农组织提出的概念，是指食物中有毒、有害物质对人体健康产生影响的公共卫生问题。从数量角度，要求国家能够提供给公众足够的食物，满足社会稳定的基本需要；从卫生安全角度，要求食品对人体健康不造成任何危害，并使人能够获得充足的营养；从发展角度，要求食品的获得要注重生态环境的良好保护和资源利用的可持续性。

《中华人民共和国食品安全法》第一百五十条规定的“食品安全”，是指食品无毒、无害，符合应当有的营养要求，对人体健康不造成任何急性、亚急性或者慢性危害。这是一个较为绝对的概念。实际上食品安全不存在零风险，绝对安全或者不存在丝毫的危险是很难做到的。任何一种食品，即使其成分对人体是有益的，或者其毒性极微，如果食用数量过多或食用条件不合适，仍然可能毒害或损害身体健康。例如，动物源性食物摄入过多，可能引起肥胖，形成动脉粥样硬化，产生心血管疾病；食盐过量会中毒，饮酒过度会伤身。另一方面，一些食品的安全性又是因人而异的。例如，鱼、虾、蟹类水产品对多数人是安全的，可确实有人吃了这些水产品就会过敏，会损害身体健康。因此，评价一种食品或者其成分是否安全，不能单纯地看它内在固有的“有毒、有害物质”，更重要的是看它是否造成实际危害。目前在食品安全概念的理解上，国际社会已经基本形成共识，即食品的种植、养殖、加工、包装、储藏、运输、销售、消费等活动符合国家强制标准和要求，不存在可能损害或威胁人体健康的有毒、有害物质致消费者病亡或者危及消费者及其后代的隐患。

2. 食品质量

国际标准化组织（ISO）将食品质量定义为“食品的一组固有特性满足要求的程度”。食品的“固有特性”，即食品的内在质量，包括食品本身的安全与营养、感官、货架期、可靠性与便利性等内在特性；“要求”是指明示的、通常隐含的或必须履行的需求或期望。“要求”往往随时间变化而变化，与科学技术的不断进步有着密切的关系。“要求”可转化成具有具体指标的特性，如与时俱进的食品标准。《食品工业基本术语》（GB/T 15091—94）中，食品质量的定义为：食品满足规定或潜在要求的特征和特性总和、反映食品品质的优劣。我国对食品质量的定义与ISO标准中的定义基本上是一致的。

“质量”是一个不断变化的概念，具有时代特征。一方面，是因为人们常常根据自身在供应链中的角色而采用不同的标准来认识、评价质量，如生产者、营销者、消费者等对质量的理解和要求均有所不同；另一方面，质量的含义随着质量专业的发展和成熟而不断演变，在不同的历史时期给质量下的定义不同。传统意义上的食品质量主要着眼于食品的色、香、味、形态、质构和食品的组成。现在，食品质量的概念已经扩展到食品的安全和营养等方面，它不仅包括食品的外观、口感、规格、数量、包装，同时也包括食品安全和营养。

3．食品安全标准

食品安全标准是强制性标准，是保证食品安全、保障公众身体健康的重要措施，是实现食品安全科学管理、强化各环节监管的重要基础，也是规范食品生产经营、促进食品行业健康发展的技术保障。我国有食品、食品添加剂、食品相关产品国家标准、行业标准和地方标准数千项，初步建立了一个以国家标准为主体、以保障公众身体健康为宗旨的食品安全标准体系。

随着食品工业的发展和人民生活水平的提高，食品安全标准工作仍存在诸多亟待解决的问题，如标准总体上标龄较长、食品安全标准通用性不强、部分指标欠缺风险评估依据等问题，食品安全标准的科学性、合理性仍有待进一步提高。提高食品安全标准的科学性、合理性，应以食品安全风险评估结果为依据，以对人体健康可能造成危害的食品安全风险因素为重点，科学、合理地设置标准内容；应加强标准的基础性研究，提高食品安全风险监测和评估能力；坚持立足我国国情与借鉴国际标准相结合，既要立足我国国情和食品产业的实际发展，兼顾行业现实和监管实际需要，也要积极借鉴相关国际标准的先进经验，注重标准的可操作性；还要不断创新标准制定工作机制，提高研制标准的能力和水平，提高标准制定工作的透明度和公众的参与程度，广泛听取食品生产经营者、消费者、有关部门等方面的意见。食品安全标准除了符合有关营养要求，还应当安全可靠，保证食品无毒、无害，不会对人体造成危害。

食品安全标准应当包括下列内容：① 食品、食品添加剂、食品相关产品中的致病性微生物，农药残留、兽药残留、生物毒素、重金属等污染物质以及其他危害人体健康物质的限量规定；② 食品添加剂的品种、使用范围、用量；③ 专供婴幼儿和其他特定人群的主辅食品的营养成分要求；④ 对与

卫生、营养等食品安全要求有关的标签、标志、说明书的要求；⑤ 食品生产经营过程的卫生要求；⑥ 与食品安全有关的质量要求；⑦ 与食品安全有关的食品检验方法与规程；⑧ 其他需要制定为食品安全标准的内容。

4．食品安全第一责任人

食品生产经营是与人民群众的身体健康和生命安全密切相关的特殊行业。食品生产经营者是食品安全第一责任人，要对其生产经营食品的安全负责，承担食品安全主体责任，正所谓“谁生产，谁负责；谁经营，谁负责”。国际上食品生产经营者承担食品安全主体责任是一个通行的原则。食品生产经营者应当做到：第一，守法生产经营。如必须依法取得生产经营许可，建立索证索票、进货查验、出厂检验记录制度，履行对不安全食品的召回和停止经营义务等，确保所生产经营食品的安全，否则将承担相应的法律责任；第二，诚信自律，对社会和公众负责，接受社会监督，承担社会责任。食品行业是良心行业，食品生产经营者要有社会责任感，守住道德底线，诚信自律，自觉接受社会监督。

5．良好生产规范

良好生产规范（GMP），又叫良好操作规范，是为保证食品质量安全而制定的贯穿于食品生产全过程的一系列方法、技术要求和监控措施，是一种特别注重在生产过程中实施对产品质量与卫生安全的自主性管理的制度。企业通过建立一整套可操作的作业规范，可以帮助企业及时发现生产过程中存在的问题，改善企业卫生环境，保障食品的质量安全。良好生产规范以前较多应用于制药工业，现在许多国家将其用于食品工业，制定出相应的 GMP 法规。我国已颁布药品生产 GMP 标准，并实行企业 GMP 认证，使药品的生产及管理水平有了较大程度的提高。在食品领域，我国 GMP 也开始逐渐推行，重点对厂房、设备、设施和企业自身卫生管理等方面提出卫生要求，以促进我国食品卫生状况的改善，预防和控制各种有害因素对食品的污染。GMP 要求食品生产企业应具备良好的生产设备、科学合理的生产过程、完善的质量管理和严格的检测系统、高水平的人员素质、严格的管理体系和制度，确保最终产品的质量（包括食品安全卫生）符合法律、法规要求。

在食品生产经营企业中推广良好生产规范具有以下重要意义。

① 为食品生产提供一套必须遵循的组合标准。

② 为卫生行政部门、食品卫生监督员提供监督检查的依据。

③ 使食品生产经营人员认识食品生产的特殊性，激发对食品质量高度负责的精神，消除生产上的不良习惯。

④ 使食品生产企业对原料、辅料、包装材料的要求更为严格。

⑤ 有助于食品生产企业采用新技术、新设备，从而保证食品质量。推行食品良好生产规范的主要目的在于提高食品品质与加强卫生安全，保障消费者与生产者的权益，强化食品生产者的自主管理体制，促进食品工业的健全发展。

6. 危害分析和关键控制点体系

危害分析和关键控制点体系（HACCP）是指对食品加工、运输以及销售整个过程中的各种危害进行分析和控制，从而保证食品达到安全水平。它是一个以预防食品安全为基础的食品生产、质量控制的保证体系，是一个系统的、连续性的食品安全预防和控制方法。该体系的核心是保护食品在从田间到餐桌的整个过程中免受可能发生的生物、化学、物理因素的危害，尽可能把发生食品危险的可能性消灭在生产、运输过程中，而不是像传统的质量监督那样单纯依靠事后检验以保证食品的可靠性。这种步步为营的全过程的控制防御系统，可以最大限度地减少产生食品安全危害的风险。

该体系是现代用来保障食品安全的管理方法，它更新了传统的食品卫生监督观念，使食品安全的控制方法更科学、更经济、更有效、更可靠。HACCP 管理体系与重点放在监督检查、对成品进行检测的传统管理方法的最大区别是：① 使食品生产对最终产品的检验转化为控制生产环节中的潜在危害，将预防和控制的重点前移，即由检验是否有不合格产品转化为预防不合格产品；② 节约检测成本，在危害发生之前即控制预防，不必在最终产品上花费大量的人、财、物力。

7. 食品安全监督管理制度

我国的食品安全工作实行预防为主、风险管理、全程控制、社会共治的监督管理制度。

① 预防为主。食品安全工作实行预防为主，各项工作关口前移，不是等到发生问题再查处、追责，通过加强日常的监管工作，消除隐患，防患于未然。

② 风险管理。风险管理是国际上通行的食品安全管理制度。风险管理涉及食品安全风险监测、风险评估、风险监督管理和风险交流等各项制度。

③ 全程控制。食品安全管理链条长、环节多，需要建立从农田到餐桌的全过程管理制度。

④ 社会共治。食品安全社会共治，是指调动社会各方力量，包括政府监管部门、食品生产经营者、行业协会、消费者协会乃至公民个人，共同参与食品安全工作，形成食品安全社会共管共治的格局。

8．食品检验

食品检验是指运用科学的检验技术和方法，对食品安全特性（包括食品原料、辅助材料的食品理化指标、卫生指标、外观特性以及外包装、内包装、标志等）进行测量、检查、试验、计量，并将这些特性与法律、法规、食品安全标准等规定的要求进行比较，以确定食品安全特性与其是否符合的评定活动，是一项科学性、技术性、规范性很强的工作。食品检验的方法主要有感官检验法和理化检验法。

食品检验是食品安全监督管理的基础，为食品安全监督管理提供科学依据，为防止食品污染、减少食物中毒等食源性疾病发挥了积极作用。食品检验是保证食品安全的关键环节，同时也是食品安全监管的重要技术支撑。食品检验对保护企业、消费者的合法权益，维护正常的市场经济秩序等都具有十分重要的意义。良好的食品安全管理需要严格、训练有素、高效、客观公正的食品检验服务。

9．食品安全法

“国以民为本，民以食为天，食以安为先”，食品安全事关人民群众的身体健康和生命安全，是重大的民生问题。我国食品安全的法治化管理始于20世纪50年代，当时的卫生部发布了一些单项规章和标准对食品卫生进行监督管理，此后国务院于1965年颁布了《食品卫生管理试行条例》，使我国的食品卫生管理工作更加规范。随着经济社会的发展，第五届全国人大常委会第二十五次会议于1982年11月通过了《中华人民共和国食品卫生法（试行）》。在这部法律试行了十多年后，第八届全国人大常委会第十六次会议于1995年10月审议通过了正式的《中华人民共和国食品卫生法》。2009年，又在该法律的基础上，制定了《中华人民共和国食品安全法》。该法施行对规范食品生产经营活动、保障食品安全发挥了重要作用，食品安全形势总体稳中向好。但同时食品企业违法生产经营现象依然存在，食品安全事件时有发生，监管体制、手段和制度等尚不能完全适应食品安全需要。党的十八大以来，我国进一步改革完善食品安全监管体制，着力建立最严格的食品安全监管制度，积极推进食品安全社会共治格局。2015 年 4 月 24 日，新修订的《中华人民共和国食品安全法》于十二届全国人大常委会第十四次会议表决通过，并于2015 年10 月1 日起正式实施。与2009 年的《中华人民共和国食品安全法》相比，新修订的《中华人民共和国食品安全法》在篇幅和内容上均有大幅扩展——条款从 104 条增加至 154 条，字数从 1. 5 万字增加至将近 3 万字。

新的《中华人民共和国食品安全法》以建立严格的食品安全监管制度为重点，用法律形式固定监管体制改革成果，完善食品安全监管体制及制度，强化监管手段，提高执法能力，落实企业的主体责任，动员社会各界积极参与，着力解决当前食品安全领域存在的突出问题，以法治思维和法治方式维护食品安全，为最严格的食品安全监管提供法律制度保障。新食品安全法的颁布施行，对于更好地保证食品安全，保障公众身体健康和生命安全具有重要意义。

新的《中华人民共和国食品安全法》有以下主要亮点。

① 明确监管体制。以国务院设立的食品安全委员会和国务院食品药品监督管理部门为主，卫生行政部门、农业行政部门、出入境检验检疫部门、质量监督部门等多部门参与、协调、信息共享，县级以上地方人民政府负责本辖区食品安全监督管理工作。新修订的《中华人民共和国食品安全法》对于食用农产品的监管有了更加明确的规定，改善监管部门分段管理的现象。

② 明确建立最严格的全程监管制度。对食品生产、销售、餐饮服务和食用农产品销售等各个环节，食品添加剂、食品相关产品等各有关事项，以及网络食品交易等新兴食品销售业态，有针对性地补充、完善相关制度，突出生产经营过程控制，强化企业的主体责任和监管部门的监管责任。

③ 更加突出预防为主、风险管理。进一步完善食品安全风险监测、风险评估和食品安全标准等基础性制度，增设责任约谈、风险分级管理等重点制度，重在消除隐患和防患于未然。

④ 实行食品安全社会共治。充分发挥消费者和消费者协会、行业协会、新闻媒体等方面的监督作用，形成食品安全社会共治格局。

⑤ 突出对特殊食品的严格监管。通过产品注册、备案等措施，对保健食品、婴幼儿配方食品和特殊医学用途配方食品等特殊食品实施比一般食品更加严格的监管。

⑥ 建立最严格的法律责任制度。对违法生产经营者加大惩处力度，提高违法行为成本，发挥法律的重典治乱威慑作用。新的法律的颁布和实施，有利于从法律制度上更好地保障人民群众食品安全，促进食品行业的健康发展。

第 6 章

食品中的营养成分

食品的基本功能是提供人体所需要的各种营养素和能量。人体需要从食物中获取的营养成分主要有：蛋白质、脂类、糖类、矿物质、维生素、膳食纤维。

1．蛋白质

蛋白质是构成细胞的基本有机物，是组成人体一切细胞、组织的重要成分，是生命的物质基础，是生命活动的主要承担者。机体中的每一个细胞和所有重要组成部分都有蛋白质参与。人体的生长、发育、运动、遗传、繁殖等一切生命活动都离不开蛋白质。没有蛋白质就没有生命。

人体内蛋白质的种类很多，性质、功能各异，但都是由 20 种氨基酸按不同比例组合而成的，并在体内不断进行代谢与更新。摄入的动物（或植物）蛋白质在体内经过消化，被水解成单个的氨基酸，再被人体吸收；人体利用吸收后的氨基酸为构建材料，重新合成人体所需的蛋白质，同时新的蛋白质又在不断代谢与分解，时刻处于动态平衡中。因此，食物中蛋白质的质和量、各种氨基酸的比例，关系到人体蛋白质合成的量，尤其是青少年的生长发育、孕产妇的优生优育、老年人的健康长寿，都与膳食中蛋白质的量有着密切的关系。

（1）氨基酸

构成蛋白质的基本单位是氨基酸。氨基酸的分子结构类似于最简单的有机化合物甲烷（CH_4）的分子结构。在甲烷的分子结构中，碳原子（C）位于一个正四面体的中心，4 个氢原子（H）位于正四面体的 4 个角上，并以共价键与中心碳原子相连。当甲烷分子中的 3 个 H 被 3 个其他基团取代，即 1 个 H 被氨基（$-NH_2$，碱性基团）取代，1 个 H 被羧基（$-COOH$，酸性基团）取代，1 个 H 被另一个取代基（R，可以是不同类别的化学基团）取

代，这时甲烷分子就变成一个氨基酸分子了。R 不同，氨基酸的种类也就不同。根据 R 的不同，共有 20 种氨基酸。

（2）必需氨基酸

人体并不需要从食物中获取所有 20 种氨基酸，有些氨基酸人体可以自己合成。只有那些在人体内不能合成或合成的速度远不能满足机体需要的氨基酸，必须由食物蛋白供给，这些氨基酸称为必需氨基酸，包括苏氨酸、缬氨酸、亮氨酸、异亮氨酸、苯丙氨酸、赖氨酸、色氨酸、甲硫氨酸，共 8 种；组氨酸为婴儿的必需氨基酸。另外，人体虽能够合成半胱氨酸，酪氨酸，但通常不能满足正常的需要，因此，这些氨基酸又被称为半必需氨基酸。

（3）蛋白质的消化、吸收与代谢

① 蛋白质的消化与吸收。蛋白质的消化与吸收过程主要在胃、小肠中进行。胃酸可使蛋白质变性，胃蛋白酶水解部分肽键成为长链多肽、短链多肽和小量氨基酸；胰蛋白酶进一步分解肽键，产物为氨基酸、二肽、三肽等；肠肽酶再分解二肽、三肽为氨基酸。氨基酸透过小肠绒毛上皮进入血液，最终被人体吸收。在肠内被消化吸收的蛋白质，每天有 70g 左右进入消化系统，其中大部分被消化和重吸收。

② 蛋白质的代谢与氮平衡。被吸收的氨基酸运送到肝脏和其他组织器官，重新合成人体所需要的蛋白质；未被利用的氨基酸由尿排出体外，或转变成糖类和脂肪。通常以氮代谢平衡来代替蛋白质平衡。

氮平衡是指氮的摄入量和排出量的关系。零氮平衡是指人体摄入的氮量和排出的氮量大致相等，表明体内蛋白质的合成量和分解量处于动态平衡状态；正氮平衡是指摄入氮大于排出氮，多见于儿童、孕妇、处于恢复期的患者及运动员等，以满足机体对额外蛋白质的需要；而负氮平衡是指摄入氮小于排出氮，多见于饥饿、疾病及老年人，应积极改善负氮平衡，以维持健康身体状态，促进疾病的恢复。

机体每天由于皮肤、毛发和黏膜的脱落，肠道菌体死亡排出等氮损失达 57 mg/kg（20 g 以上的蛋白质），这种氮排出是机体不可避免的氮消耗，称为必要的氮损失。

（4）食物中蛋白质的营养价值评价

① 蛋白质的含量：蛋白质的含量是评价食物中蛋白质营养价值的基础。含氮是蛋白质（氨基酸）的基本特征，一般氨基酸的氮含量为 16%，只需

要将食物中氮含量的结果除以16%，或者乘6.25，就可以得到这种食物蛋白质的含量。

② 蛋白质消化率：蛋白质消化率是指一种食物可以被人体消化酶分解的程度。蛋白质的消化率越高，被人体吸收和利用的可能性就越大，营养价值就越高。

③ 蛋白质的利用率：蛋白质的利用率指食物蛋白质被消化吸收进入人体内后被利用的程度。

④ 氨基酸模式：氨基酸模式是指蛋白质中各种必需氨基酸的构成比例。计算方法是将该种蛋白质中的色氨酸含量定为1，分别计算出其他必需氨基酸的相应比值，这一系列的比值就是该种蛋白质氨基酸模式。

不同人群（如儿童、成年人、孕产妇等）的必需氨基酸比值不同，所以必须针对不同人群，提供相应的食物。成年人的食物不适用于婴幼儿，婴幼儿最佳食物是母乳，因为母乳中蛋白质氨基酸模式最适合婴幼儿生长发育。

动物源性食物（如瘦肉、鱼、鸡蛋等）中蛋白质的氨基酸模式与人体所需的必需氨基酸比值较为接近，因而它们被视为优质蛋白。

⑤ 限制氨基酸：食物中的蛋白质中一种或几种必需氨基酸相对含量较低，导致其他的必需氨基酸在体内不能被充分利用而浪费，造成蛋白质营养价值降低。这些含量较低的必需氨基酸称为限制氨基酸。

存在限制氨基酸的食物可以通过食物互相搭配，即将富含某种必需氨基酸的食物与缺乏该种必需氨基酸的食物混合食用，达到蛋白质的互补效果（如民众常吃的八宝粥），从而提高蛋白质的生物学价值。搭配的食物种类越多越好，荤素食搭配效果好。

（5）蛋白质对人体健康的影响

① 蛋白质缺乏。蛋白质缺乏在成人和儿童中都有发生，但处于生长阶段的儿童更为敏感。蛋白质的缺乏常见症状是代谢率下降，对疾病抵抗力减退，易患病，远期效果是器官的损害，常见的是儿童的生长发育迟缓、营养不良、体重下降、淡漠、易激怒、贫血以及患干瘦病或水肿，并因为易感染而继发疾病。蛋白质的缺乏，往往又与能量的缺乏共同存在，即蛋白质-热能营养不良，分为两种，一种指热能摄入基本满足而蛋白质严重不足的营养性疾病，其特点为身体虚弱，生长迟缓，全身浮肿，皮肤发亮、发红；另一种是蛋白质和热能摄入均严重不足的营养性疾病，其特点为体重减轻，皮下脂肪层逐渐减少和消失而表现出明显消瘦。

② 蛋白质过量。蛋白质（尤其是动物蛋白）摄入过量，同样会对人体健康造成危害。首先，摄入过多的动物蛋白质，就必然摄入较多的动物脂肪和胆固醇，增加形成动脉粥样硬化的风险；其次，过量摄取的蛋白质会在体内转化成脂肪，造成脂肪堆积，体重增加，产生肥胖，并且使血液的酸性提高，消耗储存在骨骼当中的钙质，使骨质变脆，过多的动物蛋白摄入也会造成含硫氨基酸摄入过多，可加速骨骼中钙质的丢失，易产生骨质疏松；另外，肾脏要将过多的蛋白质脱氨分解，氮则由尿排出体外，这一过程需要大量水分，从而加重了肾脏的负荷，若肾功能本来不好，则危害就更大。

（6）蛋白质的食物来源及需要量

蛋白质的良好来源：一是动物源性食物，如畜肉（猪、牛、羊）、禽肉（鸡、鸭、鹅、鹌鹑）、水产类（鱼、虾、蟹、软体动物）、奶类（牛奶、羊奶及其制品）、蛋类（鸡蛋、鸭蛋、鹌鹑蛋）、其他（如动物的内脏、血液）等；二是植物源性食物，大豆类，包括黄豆、大青豆和黑豆等；芝麻、瓜子、核桃、杏仁、松子等干果类的蛋白质的含量均较高。

中国居民膳食蛋白质的推荐摄入量（RNI）是指可以满足某一特定性别、年龄及生理状况群体中绝大多数个体（97%~98%）的需要量的摄入水平。RNI 水平保持良好，可以满足机体对该营养素的需要，维持组织中适当的营养素储备，保持健康。

2．脂类

脂类是一大类疏水性生物物质的总称。由脂肪酸和醇作用生成的酯及其衍生物统称为脂类，这是一类一般不溶于水而溶于脂溶性溶剂的化合物。脂类包括油脂（甘油三酯）和类脂（磷脂、固醇类等）。脂类是机体内的一类有机小分子物质，它包括范围很广，其化学结构有很大差异，生理功能各不相同，其共同物理性质是不溶于水而溶于有机溶剂。

脂类是人体需要的重要营养素之一，它与蛋白质、糖类构成产能的三大营养素，在供给人体能量方面起着重要作用。脂类也是人体细胞、组织的组成成分，如细胞膜、神经髓鞘都必须有脂类参与。

（1）油脂

油脂是油和脂肪的统称，是甘油与脂肪酸通过缩水反应所形成的脂。一般将常温下呈液态的油脂称为油，而当其呈固态时则称为脂肪。植物油在常温常压下一般为液态，为油；而动物脂肪在常温常压下为固态，为脂。油脂均为混合物，无固定的熔沸点。油脂不但是人类的主要营养物质和主要食物之一，也是一种重要的工业原料。

油脂分布十分广泛，各种植物的种子、动物的组织和器官中都存在一定数量的油脂，特别是油料作物的种子和动物皮下的脂肪组织，油脂含量丰富。人体中的脂肪约占体重的10%~20%。脂肪在人体内的化学变化主要是在脂肪酶的催化下，进行水解，生成甘油（丙三醇）和脂肪酸，然后再分别进行氧化分解，释放能量。

油脂的作用广泛，包括以下几点。

① 储存能量和供给能量是脂肪最重要的生理功能。1 g脂肪在体内完全氧化时可释放出38 kJ（93 kcal）的能量，比1 g糖原或蛋白质所释放的能量多两倍。脂肪组织是体内专门用于储存脂肪的组织，当机体需要能量时，脂肪组织细胞中储存的脂肪可动员出来分解供给机体的需要。

② 高等动物和人体内的脂肪还有减少身体热量损失、维持体温恒定、减少内部器官之间摩擦和缓冲外界压力的作用。

③ 促成细腻、润滑口感的作用。缺乏脂肪的菜肴则经常被形容为“清汤寡水”。另外脂肪还能增加进食后的饱胀感。

④ 传热媒介的作用。用来直接煎炸食物，可以使食物表面达到高温（>100℃）。炒菜中用来均匀传热和防止粘锅。

（2）脂肪酸

与甘油反应生成油脂的脂肪酸，是由碳、氢、氧三种元素组成的一类端基为羧基（-COOH）的化合物，是中性脂肪、磷脂和糖脂的主要成分。

脂肪酸可以根据碳氢链是否饱和，分为以下三类。

① 饱和脂肪酸。这类脂肪酸的碳氢链上没有不饱和键，通常存在于动物性脂肪和部分植物油脂中。

② 单不饱和脂肪酸。这类脂肪酸的碳氢链上有至少一个不饱和键（碳碳双键），常见的有油酸，它在天然油脂中有重要作用，如降低人体低密度脂蛋白胆固醇的含量，有助于预防动脉硬化。

③ 多不饱和脂肪酸。这类脂肪酸的碳氢链上有两个或两个以上的不饱和键，对人体健康有多种益处，如降血脂、改善血液循环、抑制血小板凝集等。

油脂中常见的脂肪酸：一是饱和脂肪酸，如肉豆蔻酸（C14）、软脂酸（C16）、硬脂酸（C18）等；二是不饱和脂肪酸，如棕榈油酸（C16，单烯）、油酸（C18，单烯）、亚油酸（C18，二烯）、亚麻酸（C18，三烯）等。

动物的脂肪中，饱和脂肪酸较多，不饱和脂肪酸很少；植物油中则不饱和脂肪酸较多，饱和脂肪酸较少。膳食中饱和脂肪酸太多会引起动脉粥样硬化，因为动物脂肪和胆固醇均会在血管内壁上沉积而形成斑块，使血管变窄，妨碍血流，产生动脉粥样硬化和各种心血管疾病。

（3）必需脂肪酸

必需脂肪酸指人体不能合成或人体合成的数量远远不能满足人体需要的脂肪酸。被明确定义的人体必需脂肪酸有两类：一是以α－亚麻酸（C18，三烯）为母体的ω－3系列多不饱和脂肪酸；二是以亚油酸（C18，二烯）为母体的ω－6系列不饱和脂肪酸。

必需脂肪酸具有重要的生理功能：

① 参与合成磷脂，并以磷脂形式出现在线粒体和细胞膜中，是人体细胞的组成成分；

② 合成某些生物活性物质，如前列腺素的前体；

③ 参与类脂（如胆固醇）代谢；

④ 与视力、脑发育和行为发育有关；

⑤ 维持皮肤等组织对水的不通透性；

⑥ 降血脂、降胆固醇、预防心血管疾病。

必需脂肪酸摄入过多，也会产生负面影响：第一，由于亚麻酸可以在人体中转化为二十碳五烯酸（EPA）和二十二碳六烯酸（DHA），亚油酸摄入过量，会导致亚麻酸无法吸收；第二，亚油酸代谢产物过多可引起炎症、过敏等；第三，人为补充过量亚麻酸代谢产物（EPA/DHA）则引起免疫力低下，伤口不容易止血；第四，多不饱和脂肪酸过量摄入可使体内有害的氧化物、过氧化物等增加，产生多种慢性危害。

（4）类脂

类脂就是“类似脂肪”的意思，是广泛存在于生物组织中的天然大分子有机化合物，不溶于水，易溶于非极性溶剂（如氯仿、乙醚），它们的分子结构差异较大。包括磷脂、糖脂、胆固醇和甾类化合物三大类。

① 磷脂是含有磷酸的脂类，包括由甘油构成的甘油磷脂和由鞘氨醇构成的鞘磷脂。在动物的脑和卵中、大豆的种子中，磷脂的含量较多。

② 糖脂是含有糖基的脂类。

③ 胆固醇和甾类化合物（类固醇）主要包括胆固醇、胆酸、性激素及维生素D等。

这三大类类脂对于生物体维持正常的新陈代谢和生殖过程，起着重要的调节作用，磷脂是生物膜的重要组成成分，构成疏水性的“屏障”。胆固醇是脂肪酸盐和维生素 D_3 以及类固醇激素等的合成原料，对于调节机体脂类物质的吸收，尤其是脂溶性维生素 A、D、E、K 的吸收以及钙、磷代谢等均起着重要作用。

（5）脂蛋白

脂肪在血液中有赖于蛋白的携带与结合。脂肪与蛋白的结合即脂蛋白，它是一类由富含固醇脂、甘油三酯的疏水性内核和由蛋白质、磷脂、胆固醇等组成的外壳构成的球状微粒，存在于生物膜和动物血浆中。脂蛋白为血液中不溶性脂类的载体，通常用溶解特性、离心沉降行为和化学组成来鉴定脂蛋白的特性。

根据密度大小，脂蛋白可分为以下几类。

① 乳糜微粒（CM）：它是血液中颗粒最大的脂蛋白，密度最低。主要功能是运输外源性甘油三酯。正常空腹 12 小时后不应该有 CM。

② 低密度脂蛋白（LDL）以及极低密度脂蛋白（VLDL）：它们是富含胆固醇的脂蛋白，主要作用是将胆固醇运送到外周血液，是动脉粥样硬化的危险因素之一，被认为是致动脉粥样硬化的因子。

③ 高密度脂蛋白（HDL）：它是血清中颗粒密度最大的一组脂蛋白。主要作用是将肝脏以外组织中的胆固醇转运到肝脏进行分解、代谢、排出，使血液中胆固醇浓度降低。HDL 被认为是抗动脉粥样硬化因子，可治疗高脂血症。

（6）食用油脂在烹饪中的作用

常用的食用植物油有豆油、花生油、菜籽油、芝麻油、茶籽油、葵花籽油、米糠油及玉米油等。植物油中饱和脂肪酸含量少，不饱和脂肪酸含量高，对防止高脂血症和冠心病有一定的益处。

食用的动物油脂中，猪油的熔点低，易为人体吸收，并有良好的口味和色泽，是普遍使用的食用油。但猪油含饱和脂肪酸高，故中老年人宜少用。牛油和羊油的熔点高于人体的体温，不易被消化吸收。

食用油脂在烹饪中应用广泛，是烹饪菜肴不可缺少的原料。油脂不仅能增加菜肴的色泽、口味、促进食欲，而且由于食用油脂的沸点很高，加热后容易得到高温，所以能加快烹饪的速度，缩短食物的成熟时间，使原料保持鲜嫩。食用油脂还可用于食品工业，如生产糕点等。

高温加热可使油脂中的维生素A、E和胡萝卜素等遭受破坏。油脂中的不饱和脂肪酸经加热能产生各种聚合物，其中的二聚体可被人体吸收一部分，它的毒性较强，可使动物生长停滞、肝脏肿大、生育功能和肝功能障碍，甚至可能有致癌作用。不过在一般烹饪过程中，油脂加热的温度不高，时间亦短，对营养价值的影响和聚合物的形成并不明显。

（7）氢化油脂

氢化油脂（又名氢化油）是指通过加氢工艺，改变了油脂的熔点范围和结晶性质，增加其在食品加工中的稳定性的油脂。食品工业常用的氢化油脂多为氢化植物油。在加热含不饱和脂肪酸多的植物油时，加入金属催化剂，通入氢气，使不饱和脂肪酸分子中的双键与氢原子结合，产生饱和程度较低的脂肪酸。氢化油广泛应用于人造奶油、起酥油、增香巧克力糖衣和油炸用油等。

自然界存在的不饱和脂肪酸大都是顺式构型（多为液态，熔点较低）。植物油脂经氢化后会产生部分反式脂肪酸（多为固态或半固态，熔点较高）。反式脂肪酸对健康并无益处，也不是人体所需要的营养素。过量食用反式脂肪酸将会提高血清中低密度脂蛋白胆固醇的含量，同时还会降低血清中高密度脂蛋白胆固醇的含量，存在导致动脉硬化、形成血栓、影响生长发育等风险。

食品包装上的标签列出的成分，如“代可可脂”“植物黄油（人造黄油、麦淇淋）”“部分氢化植物油”“氢化脂肪”“精炼植物油”“氢化菜籽油”“氢化棕榈油”“固体菜籽油”“酥油”“人造酥油”“雪白奶油”“起酥油”都含有反式脂肪。另外，用180 ℃以上的温度长时间加热，比如在油炸、油煎等过程当中，也会产生反式脂肪酸。加热的时间越长，产生的反式脂肪酸就越多。反式脂肪酸含量较多的食品有：代可可脂巧克力、蛋糕、固体汤料、奶油威化饼、派、薯条、薯片、泡芙、奶油面包、玉米油、比萨、汉堡包、爆米花等。

（8）脂类的膳食来源及膳食中脂肪参考摄入量

食物中的脂类主要来源于食用油和食物本身含有的油脂。食用油包括食用动物性脂肪，如猪油、牛油、羊油等，以饱和性脂肪酸为主；植物油主要来自油料作物种子，如菜籽油、大豆油、花生油、芝麻油等，是必需脂肪酸的最好来源；另外EPA、DHA主要来源为海产品，如深海鱼油等。胆固醇只存在于动物源性食物，在肉类、动物脑、内脏、蛋黄、奶油中含量较高，特别是蛋黄、蟹黄、动物脑中含量最高；另外人体肝脏、小肠及产生固醇类激素的内分泌腺都具有合成胆固醇的能力。含磷脂丰富的食物主要有蛋黄、瘦肉，以及动物的脑、肝、肾等；植物源性食物中以大豆含磷脂最为丰富，其他植物如芝麻、亚麻、花生中也含有一定量磷脂。

脂肪的需要量受饮食习惯、季节和气候的影响，变动范围较大，一般成人每日膳食中脂肪含量50 g即能满足需要。中国营养学会参考各国不同人群脂肪推荐摄入量，结合我国的膳食结构特点，提出了成人膳食脂肪适宜摄入量（AI），即由脂肪提供的能量占每日摄入总能量的20%～30%，其中饱和脂肪酸（S）含量不超过10%，单不饱和脂肪酸（M）和多不饱和脂肪酸（P）各占10%较为合适（S∶M∶P＝1∶1∶1）。

3．糖类

糖类是自然界中存在数量最多、分布最广且具有重要生物功能的有机化合物。日常食用的蔗糖、粮食中的淀粉、植物体中的纤维素、人体血液中的葡萄糖等均属糖类。糖是人体重要的营养素。人体每日均摄入相当数量的含糖食物。糖类经消化吸收后，在组织细胞中氧化分解，释放出能量以供机体利用。还可经其他途径转化为机体的结构成分。一旦糖的吸收、代谢过程失调，则将导致疾病的发生。

糖类主要由碳、氢、氧三种元素组成，是多羟基醛或多羟基酮及其缩聚物和某些衍生物的总称。一般糖类可根据分子大小分为单糖、二糖（双糖）、寡糖（又称低聚糖）及多糖；亦可根据所含官能团的不同分成醛糖及酮糖。两个单糖分子之间可通过缩水反应生成糖苷键形成二糖。单糖还可以各种方式互相连接在一起形成多糖（或寡糖）。

由于绝大多数的糖类化合物都可以用通式 $C_n(H_2O)_n$ 表示，所以过去人们一直认为糖类是碳与水的化合物，称为碳水化合物。后来发现有些糖如鼠李糖（$C_6H_{12}O_5$）、脱氧核糖（$C_5H_{10}O_4$）并不符合碳水化合物通式；此外，有些有机化合物的分子中氢氧原子个数之比恰好是2∶1，如甲醛（CH_2O）、乙酸（$C_2H_4O_2$），符合碳水化合物定义，但不是糖类。所以称糖为碳水化合物并不恰当，只是沿用已久，至今仍使用。

（1）单糖

单糖是单独存在的多羟基醛或多羟基酮，它不能再被水解成更简单的糖。根据所含碳原子数目的多少，单糖可分为丙糖、丁糖、戊糖、己糖及庚糖等。食物中存在的单糖主要有葡萄糖、果糖和半乳糖，它们都是含有6个

碳原子的己糖，是同分异构体。葡萄糖是生命活动的主要能源物质，果糖以游离状态大量存在于水果的浆汁和蜂蜜中，而半乳糖是哺乳动物的乳汁中乳糖的组成成分。

① 葡萄糖。它是自然界分布最广且最为重要的一种单糖。纯净的葡萄糖为无色晶体，有甜味但甜度不如蔗糖，易溶于水。天然葡萄糖水溶液旋光向右，故属于“右旋糖”。葡萄糖在生物学领域具有重要地位，是活细胞的能量来源和新陈代谢中间产物，大脑、红细胞、骨髓只能利用葡萄糖作为能源。植物可通过光合作用产生葡萄糖。葡萄糖在糖果制造业和医药领域有着广泛应用。

② 果糖。它是一种最为常见的己酮糖，存在于蜂蜜、水果中。果糖在自然条件下是以似油状的黏稠液的形式而不以晶体的形式存在。果糖是饮料和冷冻食品、糖果蜜饯生产的重要原料。果糖是甜味最高的糖，如假设蔗糖甜度为100，果糖的相对甜度可达110。

③ 半乳糖。它是一种由六个碳和一个醛基组成的单糖，是哺乳动物的乳汁中乳糖的组成成分。此糖几乎不以单糖形式，而是几乎全部以结合形式存在于食品中。它是乳糖、蜜二糖、水苏糖、棉子糖、某些植物多糖（如琼脂、阿拉伯树胶、牧豆树胶、落叶松树胶等）的组成成分。

④ 其他单糖。包括戊糖（如脱氧核糖、阿拉伯糖、木糖）及其他糖醇类物质，如山梨醇、甘露醇、木糖醇、麦芽糖醇等。

（2）二糖

蔗糖、乳糖、麦芽糖等是自然界最常见的二糖。蔗糖由一个葡萄糖分子与一个果糖分子缩水而成，乳糖则由一个葡萄糖分子与一个半乳糖分子缩水而成，而麦芽糖由两个葡萄糖分子缩水而成。三种二糖的共同特点是都含有葡萄糖分子。

① 蔗糖。蔗糖是食糖的主要成分，有甜味，无气味，易溶于水和甘油，微溶于乙醇。蔗糖几乎普遍存在于植物体的叶、花、茎、种子及果实中。在甘蔗、甜菜及槭树汁中含量尤为丰富。蔗糖味甜，是重要的食品和甜味调味料，有白砂糖、赤砂糖、绵白糖、冰糖、粗糖（黄糖）等蔗糖制品。

蔗糖对人类的营养和健康起了重要的作用。蔗糖的甜味给人以愉悦的感觉，而且它的甜味纯正、稳定、回味良好。蔗糖被人食用后，在胃肠中由消化酶转化成葡萄糖和果糖，一部分葡萄糖随着血液循环运往全身各处，在细胞中氧化分解，最后生成二氧化碳和水并产生能量，为脑组织功能、人体的肌肉活动等提供能量并维持体温。

蔗糖也被认为会导致某些健康问题，其中最常见的是蛀牙，这是由于口腔的细菌可将食物中的蔗糖成分转换成酸，从而侵蚀牙齿的牙釉质。蔗糖是高热量食物，摄取过量容易引起肥胖。糖尿病患者尽量不要食用，儿童不宜多食，易出现蛀牙。

② 乳糖。乳糖是人类和哺乳动物乳汁中特有的糖类化合物。人乳和牛奶中，乳糖含量分别为6%~8%和4.6%~4.7%。在婴幼儿生长发育过程中，乳糖不仅可以提供能量，还参与大脑的发育进程。

人体消化液中的乳糖酶可将乳糖水解为相应的单糖，但有些人易出现乳糖不耐受症，即由于乳糖酶分泌少，不能完全消化分解母乳或牛奶中的乳糖而引起的非感染性腹泻。乳糖酶缺乏是广泛存在的世界性问题，亚洲人群发生率高，大部分人群不出现症状，但在以乳汁为主要饮食的新生儿及婴幼儿中常有发生。

③ 麦芽糖。麦芽糖主要存在于发芽的谷粒，特别是麦芽中，故得此名称。在淀粉分解酶的作用下，淀粉发生水解反应，生成的就是麦芽糖，它再发生水解反应，可生成两分子葡萄糖。麦芽糖是淀粉和糖原的结构成分。

传统的麦芽糖由小麦和糯米制成，香甜可口，营养丰富，具有排毒养颜、补脾益气、润肺止咳等功效，是老少皆宜的食品。麦芽糖含较多糖分，儿童消化能力差，不宜过多食用。

（3）多糖

多糖是由糖苷键结合的至少超过10个单糖组成的聚合糖类化合物。由相同单糖组成的多糖称为同多糖，如淀粉、纤维素和糖原；以不同单糖组成的多糖称为杂多糖，例如，阿拉伯胶是由戊糖和半乳糖等组成。多糖是聚合程度不同的物质的混合物，一般不溶于水，无甜味，不能形成结晶，无还原性和变旋现象。多糖可以水解，在水解过程中，往往产生一系列的中间产物，最终完全水解得到单糖。

多糖在自然界分布极广，亦很重要。有的是构成细菌、植物细胞壁的组成成分，如肽聚糖和纤维素；有的是作为动植物储藏的养分，如糖原和淀粉；有的具有特殊的生物活性，如人体中的肝素有抗凝血作用，肺炎球菌细胞壁中的多糖有抗原作用。

① 淀粉。淀粉是由葡萄糖分子聚合而成的多糖，是葡萄糖的一种储存形式。淀粉主要由绿色植物通过光合作用，将太阳能、二氧化碳和水进行转

化而成的。淀粉是粮食的最主要成分，是能被人体消化吸收的植物多糖，是人类获取能量的主要食物。因聚合方式不同分为直链淀粉和支链淀粉。淀粉不溶于水，加热才能促进其在水中溶解，冷却后呈糊状。

② 糖原。糖原是葡萄糖在动物体内的储存形式，是一种动物“淀粉”，是由葡萄糖结合而成的支链多糖。糖原在肝脏和肌肉中合成并储存。葡萄糖、乳酸、脂肪酸、甘油、某些氨基酸都可以通过适当的代谢途径转变为糖原。体内由葡萄糖合成糖原的过程称为糖原生成作用，由非糖物质生成葡萄糖或糖原的过程称为糖异生作用。肌肉中糖原占肌肉总重量的1%~2%，肝脏中糖原占肝脏总重量的6%~8%。肌糖原分解为肌肉自身收缩供给能量，肝糖原分解主要维持血糖浓度。

③ 纤维素。纤维素是指不能被人体消化吸收的由许多葡萄糖分子以糖苷键相连而成的多糖。纤维素是植物细胞壁的主要结构成分，占植物体总重量的1/3左右，完整的细胞壁是以纤维素为主，并粘连有半纤维素、果胶和木质素。一些反刍动物可以利用其消化道内的微生物消化纤维素，产生的葡萄糖供自身和微生物共同利用。大多数的动物（包括人）不能消化纤维素，但含有纤维素的食物对于健康是必需的和有益的。

（4）糖类化合物的生物学作用

糖类是自然界中广泛分布的一类重要的有机化合物，为人体重要的营养素，在生命活动过程中起着重要的作用，主要体现在以下几个方面。

① 糖类是细胞的构成成分，如细胞壁、细胞膜表面具有信息传递功能的糖蛋白，结缔组织的黏蛋白，神经组织的糖脂等。

② 糖类是生物体内的主要能源物质。1 g 葡萄糖在体内氧化可以产生4 kcal能量，人体60%~70%的能量由糖类提供。

③ 糖类是细胞之间相互识别的信息分子的组成成分。

④ 糖类与遗传信息的传递密切相关，如 DNA、RNA 含有大量的核糖，在遗传发育中起重要作用。

⑤ 糖类是生物体内许多物质的前体，如氨基酸、核苷酸、脂肪、辅酶（碳链骨架）等都是通过糖代谢的中间产物转变而来。

⑥ 抗生酮作用。脂肪在体内彻底被代谢分解需要葡萄糖的协同作用。当膳食中糖类供应不足时，脂肪酸不能彻底氧化而产生过多的酮体在体内蓄积，引起酮血症和酮尿症，影响体内酸碱平衡。

⑦ 维持神经系统的功能和解毒作用。神经和肺也必须由葡萄糖来提供

能量。经糖醛酸途径生成的葡萄糖醛酸，是体内一种重要的结合解毒剂，在肝脏中能与许多有害物质，如细菌毒素、乙醇、砷等结合，以消除或减轻这些物质的毒性或生物活性。

⑧ 增强肠道功能。多糖类如纤维素和果胶、抗性淀粉、功能性低聚糖等抗消化的糖类化合物，虽不能在小肠中被消化吸收，但可刺激肠道蠕动，加快结肠内的发酵速度，发酵产生的短链脂肪酸促进肠道菌群增殖，有助于正常消化和增加排便量。

（5）糖的消化、吸收

生物所需的能量，主要由糖的分解代谢提供。生物要利用糖类作能源，首先须将比较复杂的糖分子消化变成单糖后才能吸收。生物水解糖类的酶为糖酶。糖酶分多糖酶和糖苷酶两类。多糖酶可水解多糖类，糖苷酶可催化简单核苷及二糖的水解。多糖酶的种类很多，如淀粉酶、纤维素酶、木聚糖酶、果胶酶等。人类食物中的糖类一般以淀粉为主。水解淀粉和糖原的酶称为淀粉酶。

人和动物的小肠能直接吸收单糖，通过毛细血管进入血液循环。二糖、寡糖及多糖不能被小肠吸收，由肠道细菌分解后，以 CO_2、甲烷、酸及 H_2 形式放出或参与代谢。各种单糖的吸收率不同。

（6）膳食中糖的主要存在方式及参考摄入量

葡萄糖是许多食物的主要成分，半乳糖主要存在于发酵的奶制品中，果糖大量存在于水果、蜂蜜中；蔗糖大量存在于许多食物中，麦芽糖主要存在于葡萄糖糖浆中，乳糖仅存于奶制品中；淀粉普遍存在于谷类、薯类、豆类等农作物中，糖原存在于动物体内，纤维素多存在于植物中。

人体对糖的需要量，常以可提供能量的百分比来表示。中国居民膳食营养素参考摄入量中的糖类适宜摄入量为总能量的55%~65%。

4．矿物质

人体中含有的各种元素，除碳、氧、氢、氮等主要以有机物的形式存在外，其余的50多种元素统称为矿物质（也叫无机盐）。矿物质在人体内的总量不及体重的5%，不能提供能量，但矿物质在人体组织的生理活动中发挥着重要的作用。矿物质是构成机体组织的重要原料，如钙、磷、镁是构成骨骼、牙齿的主要原料。矿物质也是维持机体酸碱平衡和正常渗透压的必要条件。人体内有些特殊的生理物质，如血液中的血红蛋白、甲状腺激素等需要铁、碘的参与才能合成。因此，矿物质是构成人体组织和维持正常生理功能

所必需的各种元素的总称，是人体必需的营养素之一。

矿物质在体内不能自行合成，必须由外界环境供给。在人体的新陈代谢过程中，每天都有一定数量的矿物质通过粪便、尿液、汗液等途径排出体外，因此必须每天通过饮食予以补充，摄入量随年龄、性别、身体状况、环境、工作状况等因素有所不同。但是，由于某些矿物质在体内的生理作用剂量与中毒剂量非常接近，因此过量摄入不但无益反而有害。矿物质如果摄取过多，容易引起过剩症及中毒，因为某些矿物质需要量很少，稍不注意就可能过量。所以家长对婴幼儿矿物质的补充一定要特别慎重，不要自己随意决定，若需要，一定要去看医生，遵医嘱适量摄取。

根据矿物质在食物中的分布以及吸收情况，我国人群中比较容易缺乏的矿物质有钙、铁、锌等，在某些特殊的地理环境和特殊生理条件下，也存在碘、氟、硒、铬等缺乏的可能。矿物质缺乏的主要原因有以下几点。

① 地球环境中各种元素的分布不平衡，致使某地区表层土壤中某种矿物质元素含量过低或过高，导致人群因长期摄入在这种环境中生长的食物或饮用水而引起亚临床症状或疾病。

② 食物中含有天然存在的矿物质拮抗物，例如，菠菜含有较多草酸盐，可与钙或铁结合成难溶的螯合物而影响吸收。

③ 食物加工过程中造成矿物质的损失。

④ 摄入量不足或饮食习惯不良，例如，厌食、挑食或疾病状态导致食物摄入不足或食物品种单一，使矿物质元素供给量达不到机体需求量。

⑤ 生理需求增加，例如，青少年、孕妇、乳母等阶段对钙、锌和铁等营养素需求增加。

（1）矿物质的分类

人体内有50多种无机元素，其中有20多种参与构成人体组织。大致可将这20多种无机元素分为常量元素和微量元素两大类。

① 常量元素。常量元素是指其含量占人体0.01%以上或膳食摄入量大于每天100 mg的矿物质。人体必需的常量元素有：钙(Ca)、磷(P)、镁(Mg)、钾(K)、钠(Na)、硫(S)、氯(Cl)，共7种，占矿物质总量的60%～80%。

② 微量元素。微量元素是指其含量占人体0.01%以下或膳食摄入量小于每天100 mg的矿物质。人体必需的微量元素有铁(Fe)、锌(Zn)、硒(Se)、铜(Cu)、碘(I)、氟(F)、锰(Mn)、钼(Mo)、钴(Co)、铬(Cr)；人

体可能必需的微量元素有硅(Si)、镍(Ni)、硼(B)、钒(V)；还有一些微量元素有潜在毒性，一旦摄入过量可能使人体产生病变或损伤，但在低剂量下对人体又是可能的必需微量元素，它们是铅(Pb)、汞(Hg)、铝(Al)、砷(As)、锡(Sn)、锂(Li)、镉(Cd)。

不管是常量元素还是微量元素，它们与人体所需的三大营养素（蛋白质、脂类、糖类）相比，都是非常少量的。

(2) 矿物质的特点

① 矿物质在人体内不能合成，且随尿、粪便、汗液、毛发、指甲、上皮细胞脱落，每天都有一定量的损失，必须从食物和饮用水中摄取；矿物质是唯一可以通过天然水途径获取的营养素。

② 矿物质在体内组织器官中的分布极不均匀，例如，钙和磷主要分布在骨骼和牙齿，碘集中在甲状腺，钴分布在造血系统，锌分布在肌肉组织等。

③ 矿物质元素相互之间存在协同或拮抗效应，即一种矿物质元素可影响另一种的吸收或改变其在体内的分布，例如，过量摄入铁或铜可抑制锌的吸收和利用，摄入过量的锌可抑制铁的吸收，铁可以促进氟的吸收。

④ 部分矿物质需要量很少，生理需要量与中毒剂量的范围较窄，过量摄入易引起中毒，例如，硒摄入过多引起中毒。

(3) 矿物质的生理功能

① 矿物质是构成机体组织的重要材料。钙、磷、镁是骨骼和牙齿的重要成分，缺乏钙、镁、磷、锰、铜，可能引起骨骼或牙齿不坚固。磷、硫是构成核酸和蛋白的成分。

② 矿物质是细胞内、外液的重要成分。它们（主要是钠、钾、氯）与蛋白质一起维持着细胞内、外液的渗透压。

③ 酸性（氯、硫、磷）、碱性（钾、钠、镁）无机离子的适当配合，加上碳酸盐和蛋白质的缓冲作用，是维持机体酸碱平衡的重要机制。

④ 在组织液中的各种无机离子，特别是保持一定比例的钾、钠、镁离子浓度水平，是维持神经和肌肉兴奋性、细胞膜通透性以及所有细胞正常功能的必要条件。

⑤ 无机元素是构成某些具有特殊生理功能的物质的重要成分，如血红蛋白和细胞色素系统中的铁、甲状腺激素中的碘、超氧化物歧化酶中的锌、谷胱甘肽氧化酶中的硒等。

⑥ 无机离子是很多酶系统的活化剂、辅因子或组织成分，如盐酸之于胃蛋白酶原，氯离子之于唾液淀粉酶，镁离子之于氧化磷酸化的多种酶类。

（4）矿物质需要量的衡量与评价

矿物质不能在人体内合成，因此必须不断地通过膳食来补充机体所需的矿物质，尤其是常量元素和必需微量元素。那么机体究竟需要多少矿物质呢？如何衡量和评价某种矿物质元素的需要量呢？营养学上是用膳食营养素参考摄入量（DRIs）来表示的。DRIs 包括但不限于下述列出的三种指标。

① 推荐摄入量（RNI）：推荐摄入量指可以满足某一特定性别、年龄及生理状况群体中绝大多数个体（97%～98%）需要量的某种营养素摄入水平。

② 适宜摄入量（AI）：适宜摄入量指通过观察或实验获得的健康群体某种营养素的摄入量。

③ 可耐受最高剂量（UL）：可耐受最高剂量指平均每日摄入营养素的最高限量。

AI 和 RNI 可作为个体每日摄入该营养素的目标值，而 UL 不是一个建议的摄入水平，在制定膳食目标时，应使营养素摄入量低于 UL。由于某些矿物质的生理需要量与中毒剂量之间的范围较窄，应避免过量摄入，以免产生严重的毒性作用。日常生活中如果采用补充剂等保健品进行补充时，要格外关注补充的剂量，切勿盲目超剂量补充，以免造成该矿物质摄入过量，损害机体健康。

（1）人体内主要的矿物质及功能

钙是人体内最丰富的必要矿物质。人出生时体内含钙总量约为 28 g，成年时达 850～1200 g，相当于体重的 1.5%～2.0%，其中 99% 主要以羟磷灰石结晶形式集中在骨骼和牙齿中；其余 1%，有一半与柠檬酸螯合或与蛋白质结合，另一半则以离子状态存在于软组织、细胞外液和血液中，称为混溶钙池，与骨骼钙维持动态平衡，维持体内细胞正常生理状态。

钙的生理功能主要有：

① 钙是构成骨骼和牙齿的主要成分；

② 钙是多种酶的激活剂；

③ 钙参与神经肌肉的应激性；

④ 降低毛细血管和细胞膜的通透性；

⑤ 参与凝血过程；

⑥ 参与细胞内信息的传递。

能够增加食物中钙吸收利用的因素有：乳糖、某些氨基酸（精氨酸、赖氨酸）、维生素 C 等，可与钙形成可溶性钙盐，促进钙的吸收；维生素 D 可诱导钙结合蛋白的合成，促进小肠对钙的吸收，在促进钙吸收的同时，也促进磷的吸收；体育锻炼、食物中适当钙磷比（Ca/P：1～2）也可增加钙的吸收。

抑制钙吸收利用的因素有：植酸盐、草酸盐、草酸、植酸（蔬菜、谷类）、脂肪酸、膳食纤维、制酸剂等，能和钙形成不溶解的化合物，减少钙的吸收；脂肪和磷的过多摄入都会抑制钙的吸收。

钙的吸收还与机体状况、年龄等有关。婴幼儿、孕妇、乳母由于钙需要量增高，钙吸收率远大于成年男性；婴幼儿期钙吸收率常大于 50%，儿童期为 40%，成年人则降至 20% 左右，老年人更低，仅达 15% 左右。

长期缺乏钙和维生素 D 可导致儿童生长发育迟缓，骨软化、骨骼变形，严重缺乏者可导致佝偻病；中老年人钙缺乏易患骨质疏松症。钙缺乏者易患龋齿，影响牙齿健康；血清钙含量不足，可使神经肌肉兴奋性增高，引起抽搐。但钙过量也可造成肾结石、高钙血症等疾病。

成人钙的 AI 值为 800 mg/d，UL 值为 2000 mg/d。奶及奶制品钙含量丰富，且吸收好；豆类及豆制品、黑芝麻、坚果，某些蔬菜（荠菜、苋菜、油菜、小白菜）、海带、紫菜、发菜、小鱼、虾皮中钙含量也很丰富。

（2）钾

钾是人体内的重要元素。正常人体内含钾 140～150 g，约 98% 存在于细胞内液中，为细胞内液的主要阳离子，其浓度为细胞外液的 30 倍或更多。

钾的生理功能主要是：

① 维持细胞内正常的渗透压；

② 维持机体酸碱平衡；

③ 参与营养代谢及合成能量；

④ 维持心肌正常功能；

⑤ 维持神经肌肉应激和正常功能。

正常人一般不缺乏钾。钾过多会使细胞外钾含量上升，心肌自律性、传导性和兴奋性受抑制。

成人钾的 AI 值为 2000 mg/d。钾在食物中分布广泛，蔬菜和水果含钾丰富。豆类、蜂蜜、奶制品、瘦肉、家禽、鱼类等都是含钾较多的食物。

（3）钠

钠是人体不可缺少的常量元素。钠的总量占体重的0.15%。钠存在于细胞内外及骨骼中，其中，9%~10%存在于细胞内液，44%~50%存在于细胞外液，40%~47%存在于骨骼中。

钠的生理功能主要是：

① 调节体内水分与渗透压；

② 维持酸碱平衡；

③ 维持血压正常；

④ 增强神经肌肉兴奋性。

一般情况下人体不缺钠。血浆钠超过150 mmol/L时为高钠血症。慢性高钠血症初期症状不明显，严重时主要表现为烦躁、肌张力增高、深腱反射亢进、抽搐或惊厥等。

成人钠的AI值为2400 mg/d。食物中钠的主要来源有食盐、酱油、酱咸菜类、发酵豆制品、咸味休闲食品等。人的血压与食盐摄入量呈正相关。高血压、冠心病、肾炎、糖尿病等患者均应限制食盐的摄入量，最好食用低钠食盐。

（4）氯

氯在成人体内的总量为82~100 g，占体重的0.15%，广泛分布在全身。氯常以钠、钾盐的形式存在。KCl主要存在于细胞内液，而NaCl主要存在于细胞外液。氯是维持体液中电解质平衡所必需的元素，也是胃液的一种必需成分。

氯的生理功能主要是：

① 维持细胞外液容量及渗透压；

② 维持体液酸碱平衡；

③ 参与胃酸形成；

④ 稳定细胞膜电位。

饮食中的氯几乎完全来源于氯化钠。人体通常不缺氯。一般缺乏常见于大量出汗、慢性腹泻或肾功能改变等情况下。长期缺氯可出现肌肉收缩不良、消化道受损、易掉头发、牙齿脱落等症状。

成人氯的AI值为2300 mg/d。食物来源为食盐。

（5）镁

镁是人体中的一种常量元素，在体内分布广泛。镁是细胞内主要的阳离子。60%~65%的镁存在于骨骼、牙齿和软组织中，镁与钙一起作用，共同维护骨质密度与神经和肌肉的活动。其余的镁分散在肌肉、血液、肝脏和人体软组织中。

镁的生理功能主要是：

① 抑制钾、钙通道；

② 影响胃肠道和激素功能，镁盐在临床上有利尿和导泻作用；

③ 参与维持细胞的渗透压与机体的酸碱平衡；

④ 镁是许多酶的激活剂；

⑤ 镁是心脑血管系统的保护因子，可减少血液中胆固醇的含量，扩张血管，防止动脉突然收缩，使血压保持稳定；

⑥ 降低血脂，加快体内脂肪的消耗，对预防肥胖相关性疾病有重要作用；

⑦ 维持神经与肌肉的兴奋性；

⑧ 强固骨骼与牙齿，与钙质相辅相成，有效预防及改善骨质疏松。

能够增加食物中镁吸收利用的因素有：适当增加饮食中氨基酸、乳糖的含量。抑制镁吸收利用的因素有：高磷、草酸、植酸、膳食纤维等。另外，食物中镁的吸收与钙的吸收存在竞争关系。

成人一般不缺乏镁。镁过量会引起运动肌障碍，可产生四肢软弱无力及心律失常等症状，重者昏迷。镁过量不仅影响钙的吸收利用，且会妨碍体内铁的有效利用。

成人镁的AI值为300 mg/d。镁的主要膳食来源有：绿叶蔬菜、粗粮、坚果、肉类、淀粉类、牛奶等。

（6）磷

磷是体内第二丰富的矿物质，是机体重要的元素，是细胞膜和核酸的组成成分，也是骨骼必需的构成物质。磷是分子ATP的重要组成成分。磷的重要性也延伸到细胞信号传输、蛋白质合成，以及构建细胞膜和遗传物质方面。磷还与B族维生素配合，以支持肾脏、肌肉、心脏和神经正常的生理功能。成人体内含磷量为650 g左右，占总体重的1%左右。总磷量的85%~90%以羟磷灰石形式存在于骨骼和牙齿中，其余10%~15%与蛋白质、脂肪、糖及其他有机物结合，分布于全身的组织细胞中，其中一半左右在肌肉。

磷的生理功能主要是：

① 构成骨骼和牙齿的重要成分；

② 参与能量代谢；

③ 构成细胞成分；

④ 参与体内酸碱平衡调节；

⑤ 构成遗传物质。

能够增加食物中磷吸收利用的因素有：适当的钙磷比，充足的乳糖和维生素 D。抑制磷吸收利用的因素有：过量的铁、镁、铝。

人体磷缺乏的现象很少见。过量的磷酸盐可能引起低钙血症，导致神经兴奋性增强，手足抽搐和惊厥。

成人磷的 AI 值为 800 mg/d。绝大多数的动植物中都含有磷，比如瘦肉、禽、蛋、鱼、虾、奶及奶制品、坚果、海带、紫菜、油料种子、豆类等。平衡磷和钙的摄取量是非常重要的。过多的磷会损害钙的吸收，并对骨骼健康产生不良影响。但其实这两种矿物质有许多相同的食物来源。

（7）铁

铁是人体必需微量元素中含量最多的一种，人体内总量为 4 ~ 5 g，主要存在于血红蛋白中，占 60%~75%；3% 在肌红蛋白，1% 在含铁酶类（细胞色素氧化酶、过氧化物酶、过氧化氢酶）、辅助因子及运铁载体中，以上形式为功能性铁；其余为储存铁，以铁蛋白和含铁血黄素形式存在于肝、脾和骨髓中。

铁的生理功能主要是：

① 参与体内 O_2 与 CO_2 转运；

② 维持正常的造血功能；

③ 参与其他重要的生理活动，如抗体的产生、药物的解毒、胡萝卜素转化成维生素 A 等。

影响铁吸收的因素如下。

① 共存的食品组分的影响。能够增加食物中铁吸收利用的因素有：维生素 C、氨基酸（胱氨酸、赖氨酸、组氨酸、精氨酸等）、乳糖、单糖、柠檬酸、琥珀酸等，它们能与铁螯合成小分子可溶性单体，利于铁吸收。能够抑制食物中铁吸收利用的因素有：磷酸盐、草酸盐、碳酸盐、鞣酸（单宁，茶、咖啡含量高）等，它们可降低铁的溶解度，另外蛋黄中的卵黄高磷蛋白也可抑制铁的吸收。

② 食品加工的影响，如面粉发酵后可提高铁的利用率，但焙烤过程可

使部分血红素铁（Fe^{2+}）转变成非血红素铁（Fe^{3+}）。

③ 生理因素的影响，如维生素 A 可改善铁由储运组织向所需器官的运转。

铁缺乏原因有：

① 机体需要量增加而摄入量相对不足；

② 慢性失血，如月经过多，因痔疮、消化道溃疡、肠道钩虫病导致的出血；

③ 铁的吸收障碍。育龄期的妇女当中缺铁性贫血的发生率很高，而贫血是疲劳症的重要原因之一。

轻度的缺铁性贫血表现为缺少活力，容易疲乏、怕冷、脸色苍白，抵抗力下降，工作能力下降等。出现无贫血的轻微缺铁症状时，工作、玩耍、思考和学习各种活动都将受限，且脾气易暴躁，注意力不集中，学习能力下降。

铁过量常见于服用铁剂和输血等情况。过量的铁有毒。铁储存过多或储存位置不当，会造成血红蛋白沉着、器官纤维化。铁一旦进入人体内，很难再排出体外。肠道细胞可俘获部分铁，等这些细胞脱落时可将铁排出。铁是强氧化剂，会引发多种自由基反应破坏细胞结构。过量铁可引发心脏病。在所有心脏病的危险因素中，高铁蛋白要比高胆固醇、高血压和糖尿病更危险。

成人铁的 AI 值为 15 mg/d（男）或 20 mg/d（女）。富含铁的食物有：红肉、动物肝脏、动物全血、鸡胗、大豆及豆制品、杏仁、腰果、葡萄干、芝麻、核桃、黑木耳、鱼肉、芥菜等。

（8）锌

锌是人体中的一种微量元素，具有多种作用和功效。锌存在于众多的酶系中，是核酸、蛋白质等合成和维生素 A 利用的必需物质。人体中含锌量为 2～2.5 g，60% 存在于肌肉中，30% 存在于骨骼中，低于 0.5% 存在于血液中。

锌的生理功能主要是：

① 锌是许多酶的构成成分；

② 有助于促进人体生长发育；

③ 有助于增强人体免疫力；

④ 有助于维持生物膜结构和功能；

⑤ 有助于促进维生素 A 的吸收和代谢，从而维护正常视神经功能；

⑥ 有助于维持人体正常食欲；

⑦ 有助于维持男性正常的生殖功能；

⑧ 有助于皮肤伤口和创伤的愈合。

能够增加食物中锌吸收的因素有：丰富的蛋白质、组氨酸、半胱氨酸、柠檬酸盐、维生素 D 等。抑制食物中锌吸收的因素有：食物中大量存在植酸、鞣酸、纤维素、钙、维生素 C 等。

缺锌临床表现为生长发育停滞、食欲减退、味觉迟钝或丧失、性发育迟缓、伤口愈合不良、易感染等。孕妇缺锌，胎儿可发生中枢神经系统先天畸形。

锌缺乏可能与肠源性肢端皮炎有关。锌过量多由于临床大量补锌引起，会导致贫血、免疫系统受损、某些白细胞杀伤力抑制等。锌过量还会导致胃肠不适、呕吐、腹泻、发育迟缓、缺乏食欲，常可引起铜的继发性缺乏，损害免疫器官和免疫功能。

成人锌的 AI 值为 15 mg/d。动物性食物中锌的利用率为 35%～40%，而植物源性食物中锌的利用率仅为 20%。动物食品是人体内锌的主要来源，海产品（贝壳类，如牡蛎）、红肉类及动物内脏均为锌的良好来源。蛋类、豆类、燕麦、干果类、花生等也富含锌。

（9）碘

碘是一种有助于产生甲状腺激素的微量矿物质。人体内含碘 20～50 mg。甲状腺组织内含碘最多，约占体内总碘量的 20%（约 8 mg），皮肤、骨骼、中枢神经系统及其他内分泌腺中也含碘。血液中碘主要为蛋白结合碘。

碘在体内主要参与甲状腺素合成，其生理功能以甲状腺激素的形式体现。

某些地方食物碘长期缺乏，易产生地方性甲状腺肿。孕妇严重缺碘，可影响胎儿发育，使新生儿生长损伤，尤其是神经、肌肉损伤，认知能力低下，以及胚胎期和围生期死亡率上升。碘缺乏发生在胎儿、初生儿及婴幼儿期，可引起生长发育迟缓、智力低下，甚至痴呆，称为呆小病。

碘过量通常发生于摄入含碘量高的食物，以及在治疗甲状腺肿等疾病中使用过量的碘剂等情况下。

成人碘的 RNI 值为 0. 15 mg/d。含碘量较高的食物主要是海产品，如海带、紫菜、海盐。碘通常加在食盐中作为补充。

(10) 硒

硒是人体必需的微量元素之一，也是矿物质中少有的强力抗氧化剂之一。同其他任何必需营养素一样，硒对于人体维持正常功能必不可少。谷胱甘肽过氧化物酶是机体内广泛存在的一种重要的过氧化物分解酶，其活性中心为硒半胱氨酸，其活力大小受身体内硒含量的影响。硒在人体内总量为14～20 mg，广泛分布于所有组织和器官中，肝脏、胰脏、肾脏、心脏、脾脏、牙釉质及手指甲等部位含量较高，而脂肪组织中硒含量较低。

硒的生理功能主要是：

① 抗氧化、抗衰老，预防慢性病；

② 解毒；

③ 调节甲状腺激素的作用；

④ 维持免疫调节能力；

⑤ 保护心血管，维护心肌的健康；

⑥ 促进生长，保护视觉及抗肿瘤。

维生素 E、维生素 C 能够增加食物中硒的吸收。精制的食品和依靠现代技术种植的果蔬中含硒量很少，不能满足人体所需要的量。

硒缺乏已被证实是发生克山病的重要原因。其易感人群为 2～6 岁的儿童和育龄妇女，临床上的主要症状为心脏扩大、心功能失常、心力衰竭或心源性休克、心律失常、心动过速或过缓，严重时可发生房室传导阻滞、期前收缩等。此外，缺硒与大骨节病也有关。

硒过量会导致硒中毒。主要表现为头发变干、变脆、易断裂及脱落；其他部位如眉毛、胡须及腋毛也有上述现象；肢端麻木、抽搐，甚至偏瘫；严重时可致死亡。

成人硒的 RNI 值为 0.05 mg/d。硒主要存在于海产品中，如鱼子酱、海参、牡蛎、蛤蜊等。植物中的紫花生、干蘑菇、豌豆、扁豆等含硒量都是比较高的。

(11) 铜

铜也是人体必需的微量元素，成人体内含铜量为 100～150 mg。人体内的铜主要分布在肝脏、肾脏、心脏、大脑等部位，它与蛋白或酶（细胞色素氧化酶等）结合，对人体能起多种多样的作用。人体血清铜含量为 14～20 mmol/L。

铜的生理功能主要是：

① 维持正常的生血机能；

② 维护骨骼、血管和皮肤的正常；

③ 维持中枢神经系统的健康；

④ 保护毛发正常的色素和结构；

⑤ 铜对胆固醇的代谢也有影响，可降低胆固醇，提高体内白细胞吞噬消灭细菌的能力，对机体有保护作用。

人体缺铜会引起贫血、血管破裂、内出血或骨骼脆性增大、脱发，以及皮肤色素脱失导致的白癜风。婴儿缺铜则生长发育停止，成人缺铜则冠心病发病率增大。虽然铜对人的健康至关重要，但当铜摄取过量或由于遗传原因，体内铜离子太多，而在血液、肝、脑、肾中蓄积时，便会产生细胞损伤，引起肝硬化及脑功能紊乱。铜与铁不同，人体内的铜没有特定储存部位，所以每天必须从食物中摄取一定数量的铜，以弥补从胆汁中排出的铜。

成人铜的 RNI 值为 0.8 mg/d。铜广泛分布于各种食物中。含铜较丰富的食物有牡蛎、贝类、章鱼、动物肝脏、坚果、豆类等。

(12) 氟

正常人体内含氟总量为 2 ~ 3 g，约 96% 存在于骨骼及牙齿中，少量存于内脏、软组织及体液中。

氟对维持骨骼和牙齿的结构稳定性具有重要作用。适量的氟有利于钙和磷的吸收及其在骨骼中的沉积，促进生长；氟也是构成牙齿的重要成分。氟磷灰石晶体对牙齿的保护作用较强。

氟缺乏会引起骨质疏松和牙齿发育不全或增加龋齿的发生率。过量氟可引起中毒，引发氟骨症和氟斑牙。

成人氟的 AI 值为 1.5 mg/d。除茶叶、海带、紫菜等少数食物中氟含量较高外，一般食物中含氟量较低。饮水是氟的主要来源。

(13) 铬

铬是一种影响胰岛素活性的微量矿物质。正常人体的含铬量甚微（6 ~ 7 mg），主要存在于骨、皮肤、脂肪、肾上腺、大脑和肌肉中。

铬的生理功能主要是：

① 预防心血管疾病；

② 促进胰岛素的作用；

③ 促进生长发育。

人体铬摄入不足常会冒冷汗、眩晕、昏睡、易怒、手部冰凉、口渴；人体缺铬会发生动脉硬化、糖尿病综合征、胆固醇增高、心血管病等。过量摄入铬会出现铬中毒。六价铬化合物对皮肤有刺激和致敏作用，皮肤会出现红斑和水肿及溃疡等，并且会有癌变的情况出现。

成人铬的 RNI 值为0.05 mg/d。富含铬的食物很多，如肉、谷物、鱼、贝等。

（14）钴

钴是人体中必需的微量元素之一。一般成年人体内含钴量为 1.1～1.5 mg。分布于肝脏、肾脏、脾脏、胰脏、骨、小肠、肌肉等器官或组织中。

钴的主要生理作用有：

① 钴是维生素 B_{12}的主要成分，可促进红细胞成熟；

② 钴可以防止脂肪在肝细胞内沉着，预防脂肪肝；

③ 钴可以和蛋白质结合，对人体的生长、发育及糖类和蛋白质代谢都有重要影响。

钴缺乏的情况较少见。钴摄入过多会致癌。幼儿比成人对钴毒性更敏感，维生素 B 及蛋白质可降低钴的毒性。

人体需要的钴极小，每天供给 1～2 μg 即可。

5．维生素

（1）维生素的定义

维生素是维持人体生命活动必需的一类有机物质。这类物质在体内既不是构成身体组织的原料，也不是能量的来源，然而在调节人体物质代谢和维持正常生理功能等方面，发挥着极其重要的作用，是必需营养素。这类物质体内不能合成或合成量不足，需要量很少，必须经常从食物中获取。

各种维生素的化学结构以及性质虽然不同，但它们却有着以下共同点：

① 维生素均以维生素原的形式存在于食物中；

② 维生素不是构成机体组织和细胞的成分，也不会产生能量，它的作用主要是参与机体代谢的调节；

③ 大多数的维生素，机体不能合成或合成量不足，不能满足机体的需要，必须经常从食物中获得；

④ 人体对维生素的需要量很小，日需要量常以毫克或微克计算，但一旦缺乏就会引发相应的维生素缺乏症，对人体健康造成损害。

（2）维生素的分类

维生素是个庞大的家族，现阶段所知的维生素就有几十种，其中人体需

要的有13种必需维生素，它们大致可分为脂溶性维生素和水溶性维生素两大类。

① 脂溶性维生素：脂溶性维生素有维生素A、维生素D、维生素E、维生素K，共4种。它们能溶于脂肪和有机溶剂，不溶于水，因此当膳食中脂肪过少时，则不利于此类维生素的吸收。脂溶性维生素除了直接参与影响特异的代谢过程，还与细胞内核受体结合影响特定基因的表达；大部分储存于脂肪组织（尤其是定脂）中，通过胆汁缓慢排出体外。其特点是在食物中常与脂肪共存；在酸败的脂肪中易被破坏；若摄入过多，可引起中毒；若摄入过少，可缓慢出现缺乏症状。

② 水溶性维生素：水溶性维生素有B族维生素和维生素C，共9种；其中，B族维生素有8种，即B_1、B_2、B_3（烟酸）、B_5（泛酸）、B_6、B_7（生物素）、B_9（叶酸）、B_{12}。它们能溶于水，不溶于脂肪和有机溶剂。绝大多数进入人体后，以辅酶或者是辅基的形式发挥作用。在体内仅有少量储存，且易排出体外，必须每天通过饮食供给，当供给不足时，易出现相关缺乏症状。其特点是易从尿中排出，不易积累；一般无毒性；易出现缺乏症。

（3）维生素缺乏与过量

维生素缺乏在体内有一个渐进过程。初始时表现为储备量降低，继而出现有关生化代谢异常、生理功能改变，并出现临床症状和体征；轻度缺乏时，出现体力和脑力劳动效率下降，对疾病的抵抗力下降（较为常见）等状况；严重缺乏时，临床上可见相应的维生素缺乏的独特症状和体征。

维生素缺乏的原因有：食物供应严重不足，摄入不足，如食物单一、储存不当、烹饪过程中遭到破坏等；吸收利用降低，如消化系统疾病或摄入脂肪量过少从而影响脂溶性维生素的吸收；维生素需要量相对增高，如妊娠和哺乳期妇女，儿童，特殊工种、特殊环境下的人群；不合理使用抗生素导致的对维生素的需要量增加。

当水溶性维生素摄入过多时，其常从尿中排出，但超过生理需要量时有不良影响，如维生素代谢异常，干扰其他营养代谢。

（4）几种重要的维生素

① 维生素A（抗眼干燥症维生素）

维生素A是一种极其重要、极易缺乏的，为人体维持正常代谢和机能所必需的脂溶性维生素。维生素A包括A_1及A_2。维生素A_1即视黄醇，维生素A_2即3－脱氢视黄醇，其生理活性为维生素A_1的40%。

维生素 A 可来源于动植物食物。

① 动物源性来源。维生素 A_1（视黄醇）主要以棕榈酸酯的形式存在于鱼肝油、乳脂和蛋黄中；维生素 A_2 主要存在于淡水鱼肝中。

② 植物源性来源。植物中存在能在人体内转化为维生素 A 的类胡萝卜素（维生素 A 原）。目前已发现的具有维生素 A 活性的主要有玉米黄素、α－胡萝卜素、β－胡萝卜素、γ－胡萝卜素，其中以 β－胡萝卜素的生物活性最高，在人类营养中是维生素 A 的重要来源。

预防维生素 A 缺乏的最低需要量不低于 300 μg/d，AI 为 600～1000 μg/d，其中男性 800 μg/d，女性 700 μg/d。孕中期和后期一般为900 μg/d。

② 维生素 D

维生素 D 是脂溶性维生素，为一组具有抗佝偻病作用，结构类似的固醇类衍生物的总称。最主要的是维生素 D_3、维生素 D_2。

植物油或酵母中的麦角胆固醇及动物皮下的 7－脱氢胆固醇经紫外线激活可分别转化形成维生素 D_2、维生素 D_3，哺乳动物对二者的利用无区别。这是唯一一种人体可以少量合成的维生素，多存在于鱼肝油、蛋黄、奶制品、酵母等中。

维生素 D 的最低需要量尚难肯定，因皮肤形成维生素 D_3 的量变化较大。维生素 D 需要量还与钙、磷摄入量有关。维生素 D 的 RNI：婴儿≤10 岁为 10 μg/d，11～49 岁为 5 μg/d，50 岁及以上、中晚期孕妇、乳母为 10 μg/d，孕早期为 5 μg/d。

③ 维生素 E

维生素 E，又名生育酚，是一种无臭无味的淡黄色脂溶性维生素。为 α、β、γ、δ－生育酚和 α、β、γ、δ－生育三烯酚等脂溶性维生素的总称。多存在于鸡蛋、肝脏、鱼类、植物油中。维生素 E 具有抗氧化、抗癌、抗炎等生物活性，特别是在清除机体自由基、阻断脂质氧化等方面尤为突出，在动物饲养中可提高生长性能、提高产品质量和提高机体免疫能力。

维生素 E 食物来源广泛，不易缺乏。

④ 维生素 K

维生素 K，又叫凝血维生素，是一系列萘醌的衍生物的统称，包括 K_1、K_2、K_3、K_4 等几种形式。其中 K_1、K_2 是天然存在的，属于脂溶性维生素；而 K_3、K_4 是通过人工合成的，是水溶性的维生素。四种维生素 K 的化学性质都较稳定，能耐酸、耐热，正常烹饪中只有很少损失，但对光敏感，也易

被碱和紫外线分解。

成人维生素 K 的 RNI 为 80 μg/d。

⑤ 维生素 B_1

维生素 B_1，又称硫胺素、抗脚气病因子、抗神经炎因子等，易溶于水，由真菌、微生物和植物合成，动物和人类则只能从食物中获取。维生素 B_1 主要存在于种子的外皮和胚芽中，如米糠和麸皮中含量很丰富，在酵母菌中含量也极丰富。

成人维生素 B_1 的 RNI 为：男性为 1.4 mg/d，女性为 1.3 mg/d。

⑥ 维生素 B_2

维生素 B_2，又叫核黄素，微溶于水，在中性或酸性溶液中加热是稳定的，但在碱溶液中加热及见光可被破坏。维生素 B_2 为体内黄酶类辅基的组成部分，如缺乏可影响机体的生物氧化，使代谢发生障碍。病变多表现为口、眼和外生殖器部位的炎症，如口腔溃疡（口角炎、唇炎、舌炎）、眼结膜炎和阴囊炎等。维生素 B_2 在体内的储存很有限，须每天由饮食提供补充。

维生素 B_2 的 RNI：随着年龄增长而增加。成年男性为 1.4 mg/d，成年女性为 1.2 mg/d，孕妇为 1.7 mg/d，乳母为 1.8 mg/d。

维生素 B_2 在各类食品中广泛存在，但通常动物源性食物中的含量高于植物源性食物，如各种动物的肝脏、肾脏、心脏及蛋黄、鳝鱼、奶类等。许多绿叶蔬菜和豆类中含量也多。另外，要尽量减少维生素 B_2 在食物烹饪、储藏过程中的损失。

⑦ 维生素 B_3

维生素 B_3，即维生素 PP，又称抗癞皮病维生素，为水溶性维生素，包括尼克酸（烟酸）和尼克酰胺（烟酰胺）两种物质，均属于吡啶衍生物。多存在于烟碱酸、酵母、谷物、肝脏、米糠中。

烟酸的 RNI：随着年龄增长而增加，成年男性为 14 mg/d，成年女性为 13 mg/d。

⑧ 维生素 B_5

维生素 B_5，又叫泛酸（或遍多酸），是一种水溶性维生素，因广泛存在于动植物中而得“泛酸”之名。多存在于酵母、谷物、肝脏、蔬菜中。

很少有人体缺乏维生素 B_5，因为它广泛存在于一般食物中。

⑨ 维生素 B_6

维生素 B_6，又称吡哆素，包括吡哆醇、吡哆醛及吡哆胺，在体内以磷酸酯的形式存在，是一种水溶性维生素，遇光或碱易被破坏，不耐高温。维生素 B_6 为人体内某些辅酶的组成成分，参与多种代谢反应，尤其是和氨基酸代谢有密切关系。维生素 B_6 在酵母菌、动物肝脏、谷类、肉、鱼、蛋、豆类及花生中含量较多。

维生素 B_6 的 RNI：成人为 1.5 mg/d（膳食蛋白摄入量越大，维生素 B_6 需要量越大）。

⑩ 维生素 B_7

维生素 B_7，即生物素，也被称为维生素 H 或辅酶 R，是水溶性维生素，多存在于酵母、肝脏、谷物中。维生素 B_7 是人体内多种酶的辅酶，参与体内的脂肪酸和糖类的代谢，促进蛋白质的合成，是合成维生素 C 的必要物质，还参与维生素 B_{12}、叶酸、泛酸的代谢，促进尿素的合成与排泄。维生素 B_7 是一种维持人体自然生长、发育和正常人体机能健康必要的营养素。

成人维生素 B_7 的 RNI 为每天 25 ~300 μg。维生素 B_7 在人体内仅停留 3 ~6 小时，所以必须每天补充。

⑪ 维生素 B_9

维生素 B_9，即叶酸，又称维生素 M，也称抗贫血维生素，是一种在自然界中广泛存在的水溶性维生素。因为在绿叶中含量丰富，故名叶酸。天然存在的叶酸，生物活性形式为四氢叶酸，是一种辅酶，叶酸由蝶啶、对氨基苯酸和谷氨酸三种成分组成，所以又称为蝶酰谷氨酸。叶酸在蛋白质合成及细胞分裂与生长过程中具有重要作用，对正常红细胞的形成有促进作用。缺乏时可致红细胞中血红蛋白生成减少、细胞成熟受阻，导致巨幼红细胞性贫血。

人体每日摄入叶酸量维持在 3.1 μg/kg 时，体内即可有适量叶酸储备；孕妇每日叶酸总摄入量应大于 350 μg；婴儿的安全摄入量按千克体重计算，即每日 3.6 μg/kg。

⑫ 维生素 B_{12}

维生素 B_{12}，又叫钴胺素，是唯一含金属元素的水溶性维生素，因含钴而呈红色，又称红色维生素，是少数有色的维生素之一。多存在于动物肝脏、鱼肉、猪肉、牛肉、羊肉、禽蛋中。它很难被人体吸收。在吸收时需要与钙结合，才能有利于人体的机能活动。

一般情况下人体不缺乏维生素 B_{12}，但患消化道疾病者容易缺乏。

⑬ 维生素 C

维生素 C，又称抗坏血酸，是一种水溶性维生素，多存在于新鲜蔬菜、水果中。维生素 C 具有很强的还原性。参与机体复杂的代谢过程，能促进生长和增强对疾病的抵抗力，可用作营养增补剂、抗氧化剂。

维生素 C 主要存在于新鲜的蔬菜和水果中。

6．膳食纤维素

膳食纤维素是食物中不能被机体消化吸收的多糖类化合物的总称。它既不能被胃肠道消化吸收，也不能产生能量，曾因被认为是一种“无营养物质”而长期得不到足够的重视。然而，随着营养学和相关科学的深入研究，人们逐渐发现了膳食纤维素具有相当重要的生理作用，以至于在膳食构成越来越精细的今天，膳食纤维素更成为学术界和普通百姓关注的物质。

膳食纤维素的主要成分来自植物细胞壁，如非淀粉多糖、抗性淀粉、抗性低聚糖和木质素等。人类消化道中无分解这类多糖（β－糖苷键连接）的酶。

膳食纤维素按溶解度分类可分为可溶性膳食纤维素和不溶性膳食纤维素。

① 可溶性膳食纤维素：又称水溶性膳食纤维素，就是可溶解于水又可吸水膨胀，并能被大肠中微生物酵解的一类纤维素，常存在于植物细胞液和细胞间质中，主要有果胶、植物胶、黏胶等。低聚果糖、低聚异麦芽糖、低聚乳糖、低聚木糖、大豆低聚糖、琼脂粉、羧甲基纤维素等都属于可溶性膳食纤维素。可溶性膳食纤维素具有黏性，能在肠道中大量吸收水分，使粪便保持柔软状态。可溶性纤维素能有效使肠道中的益生菌活性化，促进益生菌大量繁殖，创造肠道的健康生态环境。可溶性膳食纤维素的主要来源有各种水果、杂粮、豆类、胡萝卜、薯类等，另外，藻类中的可溶性膳食纤维素含量丰富，如裙带菜、海藻、海带。

② 不溶性膳食纤维素：就是不能溶解于水又不能被大肠中微生物酵解的一类纤维素，常存在于植物的根、茎、叶、果中，主要有纤维素、半纤维素、木质素等。不溶性膳食纤维素能够增加胃肠道的食物体积，抵抗胃肠消化液的分解，增加粪便的体积，起到润肠通便的作用。它还能够吸收食物中的有害物质，预防便秘并弱化消化道中细菌排出的毒素。不溶性膳食纤维素的主要来源有全麦类食品、坚果、水果和蔬菜。

中国营养学会推荐的膳食纤维摄入标准是：每人每天 25～35 g。如果每天谷薯类 250 ~ 400 g，蔬菜 300 ~ 500 g，水果 200 ~ 350 g，大豆及坚果 25 ~ 35 g，基本就能满足每日膳食纤维所需。

补充膳食纤维应注意以下事项。

① 循序渐进。膳食纤维摄入不足的人可以先根据自己的饮食习惯，选择自己喜欢的食物，逐步增加分量。

② 食物要多样化。建议每天摄入 12 种以上食物，每周 25 种以上食物，而且六分粗粮、四分细粮是比较合适的比例。

③ 多吃蔬菜水果。提倡“餐餐有蔬菜，天天吃水果”，每天吃 5 种以上蔬菜，2 种以上水果。

④ 肠道菌群失调的人，适合补充可溶性膳食纤维素。可溶性膳食纤维素更易被肠道细菌发酵分解，并诱导益生菌大量繁殖，这与提高免疫力，甚至改善情绪有关。

⑤ 经常便秘的人，适合补充不溶性膳食纤维素。不溶性膳食纤维素不会被肠道分解吸收，并且吸水后增大粪便的体积，刺激肠道蠕动，从而帮助保持规律排便并防止便秘。

我国居民的饮食素以谷类食物为主，并辅以蔬果类，所以本无膳食纤维素缺乏之虞，但随着生活水平的提高，食物精细化程度越来越高，动物源性食物所占比例大为增加，而膳食纤维素的摄入量却明显降低。故要在饮食中加强膳食纤维素的补充。

第 7 章

合理营养与平衡膳食

随着社会的发展，人们的经济条件和生活方式发生了巨大的变化，科学、健康的饮食选择成为风尚。但另一方面，越来越多的加工食品、包装食品出现在市场上；部分民众的饮食结构中高热量、高脂肪、高糖、低膳食纤维的食物数量不断增加，在外进餐次数增加，频繁食用家庭外制作的食品和加工食品，外卖食品、快餐食品增多，缺少饮食与健康的相关知识，体力活动减少等，造成能量摄入较多，有关的营养失调性疾病不断增加，如肥胖、糖尿病、高血压、高血脂、脂肪肝、动脉粥样硬化、心脑血管病、高尿酸血症、癌症等，严重损害人们的健康，影响人们的生活质量。

拥有健康的身体和高质量的生活，延缓衰老，是人们永恒而执着的追求，健康饮食是达成这一目标的有效途径。因此，人们有必要学习和了解食品营养学的基本知识，遵循合理营养、平衡膳食的科学饮食原则，培养良好的饮食习惯，并践行于日常饮食生活之中，树立每个人身体健康的第一责任人是自己的强烈意识。

1．合理营养

（1）定义

合理营养是指适合各种情况（年龄、性别、生理条件、劳动负荷、健康状态等）的食物营养素供给量和配比。合理营养可维持人体的正常生理功能，促进健康和生长发育，提高机体的劳动能力、抵抗力和免疫力，维持健康体重，提高精神状态，有利于某些慢性病的预防和治疗。缺乏合理营养，人体将产生障碍以致发生营养缺乏病或营养过剩性疾病（如肥胖症和动脉粥样硬化等）。

（2）合理营养的原则和要求

食物的多样化是合理营养的一项基本原则。食物的营养功用是通过它所含有的营养成分（营养素）来实现的。人们通过长期的实践认识到，世界上没有任何一种天然食物能提供人体所需要的全部营养物质，并且营养比例恰当。单靠一种食物，不管数量多大，都不可能维护人体健康。因此，要保证合理营养，食物的品种应尽可能多样化，以获得人体所需的各种营养素。如果偏食、挑食、摄入食物的品种就会大大减少，时间一长，将出现各种营养不足症或缺乏症，如缺铁性贫血、碘缺乏症、干眼症（维生素 A 缺乏）、骨质疏松症（缺钙）等。

(3) 合理营养要求摄入充分的能量和各种营养素

① 首先需要足够的蛋白质。蛋白质是构成人体组织的基本物质，可以维持生长发育、组织修复更新及维持正常的生理功能，缺乏时可导致生长发育迟缓、体重减轻、容易疲劳、循环血容量减少、贫血、抵抗力降低、创伤和骨折不易愈合、病后恢复迟缓，严重缺乏时可致营养不良性水肿。儿童青少年应摄入较多的蛋白质，以保证生长发育。

② 需要充分的能量。人体正常的生理功能和活动都需要能量，如心脏跳动、呼吸、消化等。糖类是能量的主要来源，可保证正常的血糖浓度，以维持大脑活动、肝脏解毒和肌肉活动。糖类摄入不足可导致能量不足，生长发育迟缓，易于疲劳；摄入过多则可致肥胖。

③ 需要适量的脂肪。脂肪是提供不饱和脂肪酸特别是必需脂肪酸的主要来源，同时可促进脂溶性维生素吸收。适量的脂肪摄入对人体健康非常重要，但脂肪摄入过多可致肥胖和动脉粥样硬化。动物性脂肪中含饱和脂肪酸较多（鱼类除外），植物油含多（单）不饱和脂肪酸较多（棕榈油、椰子油除外），饱和脂肪酸可使血清胆固醇量增高，多（单）不饱和脂肪酸可降低血胆固醇及甘油三酯，减少血小板的黏附性。

④ 此外，还需要充足的微量元素、维生素。微量元素和维生素对人体的生长发育和生理功能具有重要作用，如锰、锌、铁及维生素 A、B、C 等。

⑤ 需要适量的膳食纤维。膳食纤维有助于肠道蠕动和正常排便，减少肠内有害物质的存留，对维持肠道健康有重要作用。膳食纤维不能由人体合成，只能由食物供给。

⑥ 需要充足的水分。水是人体内各种生理过程正常进行的基础，能够维持体内水平衡，促进新陈代谢和排泄。

(4) 合理营养要求营养素之间有合适的比例，保持各种营养素之间的平衡

① 要求三大营养素供能占总能量的百分比为蛋白质10%~15%，脂肪20%~25%，糖类60%~70%，这一比例关系利于三者各自的特殊作用发挥并互相起到促进和保护作用。另外，也要求能量营养素提供的总能量与机体消耗的能量达到平衡。能量营养素供给过多或因活动量小能量消耗降低时，能量过剩，过剩部分在体内转变为脂肪储存，长期如此就引起身体肥胖、高血脂和心脏病。能量长期供应不足，即长期处于能量收支负平衡状态，而使体内储存的糖原、脂肪等大量被动用，引起饮食性营养不良，结果引起身体消瘦，抵抗力减弱，运动能力下降，对儿童青少年则会影响其生长发育，可诱发多种疾病，如贫血、结核、癌症等。在每日三餐的能量分配方面，以早餐占25%~30%、午餐占35%~45%、晚餐占30%~35%较为合理。

② 食物中蛋白质的营养价值基本上取决于食物中所含有的8种必需氨基酸（赖氨酸、甲硫氨酸、亮氨酸、异亮氨酸、苏氨酸、缬氨酸、色氨酸、苯丙氨酸）的数量和比例。只有食物中所提供的8种氨基酸的比例与人体所需要的比例接近时，才能有效地合成蛋白质。比例越接近，营养价值越高。大多数食品都是氨基酸不平衡食品。所以，要提倡食物的合理搭配，纠正氨基酸构成比例的不平衡，提高蛋白质的利用率和营养价值。

③ 食用油中饱和脂肪酸、单不饱和脂肪酸与多不饱和脂肪酸的比例以1∶1∶1为宜，这样既可保证必需脂肪酸的供应，又可预防一些与脂肪营养有关的疾病（如冠心病、肥胖症等）的发生。

④ 各种维生素和微量元素也应该在饮食中得到保障，以满足人体正常的生理需求。

合理营养还要求注意饮食卫生和安全。食物的选取和处理过程中应该注意清洁卫生，避免食品污染和有害物质的摄入。同时，要合理控制食品的储存和烹饪时间，确保食品的品质和安全。合理营养还要关注食物的烹饪和搭配。合理的膳食制度和烹饪方法对营养素的消化吸收和利用至关重要。应避免过度加工和烹饪，以保留食物中的营养成分。同时，合理营养还要考虑到个体差异和个性化需求。不同人群的生理需求和健康状况不同，应该根据个人情况制订合理的饮食计划，以满足个体的营养需求。例如，儿童青少年需要更多的蛋白质以支持生长发育，而老年人可能需要注意降低能量摄入，增加某些营养素的摄入。

总之，合理营养是维持人体健康和正常生长发育的重要因素，应该注意食物的多样性和营养的平衡性，避免营养过剩或缺乏，保持饮食卫生和安

全，并根据个人情况制订合理的饮食计划，以达到身体健康的目的。

2．平衡膳食

怎样才能做到合理营养？由于人体所需营养主要从日常的饮食中获取，因此平衡膳食是合理营养的根本途径和保证。

（1）定义

所谓平衡膳食，就是在人体营养的生理需要和膳食营养供给之间建立平衡关系。它要求根据各类营养物质的功用，合理地掌握膳食中各种食物的质和量及比例搭配。

（2）平衡膳食中的食物种类

平衡膳食必须是由多种食物组成，除水之外，包括谷类、薯类、动物源性食物、豆类及其制品、蔬菜、水果、纯热能食物。

① 谷类、薯类：谷类包括米、面、杂粮等，薯类包括马铃薯、甘薯、木薯等，主要提供糖类、蛋白质、膳食纤维及 B 族维生素等。

② 动物源性食物：包括肉、禽、鱼、奶、蛋等，主要提供蛋白质、脂肪、微量元素、维生素 A 和 B 族维生素等。

③ 豆类及其制品：包括大豆及其他豆类，主要提供蛋白质、脂肪、膳食纤维、微量元素和 B 族维生素等。

④ 蔬菜、水果类：包括根茎、叶菜、果实等，主要提供膳食纤维、微量元素、维生素 C 和胡萝卜素等。

⑤ 纯热能食物：包括动植物油、淀粉、食用糖和酒类，主要提供能量。植物油还可提供维生素 E 和必需脂肪酸等。

（3）对平衡膳食的认识

我们的祖先很早就已经注意到人们的饮食与健康之间有着非常密切的关系。早在 2000 多年前的有关典籍中就有了记载，如《黄帝内经·素问》中即将食物分为四大类，并以“养”“助”“益”“充”来代表每一类食物的营养价值和在膳食中的合理比例；还提出了“食饮有节”等认识。

一谈起营养，有些人强调的是多吃鱼、肉、蛋、奶等动物源性食物，认为这类食品吃得越多营养就越好，这是不符合营养平衡的观点的。人体对营养素的需要是多方面的，而且有一定量的要求，经常食用过多的动物源性食物，对人体健康并无益处，往往会成为某些肿瘤和心血管疾病的诱因。

还有人认为，食物越贵，营养就越好，这也是对营养知识的理解不够全面的表现。因为，从营养角度来看，食物的营养价值与价格不总是平行的，

相反，有的价格低的食物，其营养价值反而较高。

从营养学观点来看，膳食调配合理，才能够达到膳食平衡的目的。一日三餐所提供的各种营养素基本能够满足人体的生长、发育和各种生理、体力活动的需要。主食有粗有细，副食有荤有素，既要有动物源性食品和豆制品，也要有较多的蔬菜，还要经常吃些水果，这样才能达到合理营养的要求，以便维持正常的生理功能及活动，否则就会影响身体健康，甚至导致某些疾病发生。

（4）平衡膳食中的食物搭配

营养过剩和生活方式不健康导致的疾病已成为威胁人类健康的头号杀手。各种慢性病，如肥胖、高血脂、高血压、冠心病等，大多是人自己吃出来的。膳食结构不合理以及垃圾食品的泛滥是导致疾病发生的最大原因。没有不好的食物，只有不合理的膳食。任何一种食物都可提供某些营养物质，关键在于调配多种具有不同营养的食物，组成合理的膳食。

平衡膳食要注意主副食搭配。主食，即每日三餐的米、面、馒头等。副食，泛指米、面以外的，具有增强营养、刺激食欲、调节机体功能作用的饮食，包括菜肴、奶、水果及一些休闲食品等。主食与副食，各有所含的营养素，如副食中含有的维生素、微量元素、纤维素等，远比主食中的含量高，且副食的烹饪方式多种多样，色、香、味、形花样百出，更能刺激人的感官，增进食欲。所以，为保证人们得到所需的全部营养，又便于其消化、吸收，增强体质，最好将主食与副食搭配食用。

平衡膳食要注意粗细粮搭配。粗粮，泛指玉米、高粱、红薯、小米、荞麦、大豆等杂粮。细粮，即指精米、白面。一般而言，细粮的营养价值和消化吸收率优于粗粮，但粗粮中的某些营养成分又比细粮要多一些。例如，小米、玉米面中的钙含量相当于精米中钙含量的 2 倍，说明粮食加工越精细，营养素损失得就越多。而将粗粮与细粮搭配食用，就能做到营养互补，还有助于提高食物的营养价值，如大米中加入一定量的玉米做成的食品，可使大米的蛋白质利用率提高。因此，为了满足人们，尤其是老年人对营养的需要，应间或吃些粗粮，以增进食欲和提高肠道对食物营养的吸收。粗细搭配含有两层意思：一是要适当多吃一些粗粮；二是食物中要适当增加一些加工精度低的米面。

平衡膳食要注意荤素平衡。荤菜，即畜禽肉、奶类、蛋类、鱼类等动物源性食物。素菜，指蔬菜、瓜果等植物源性食物。荤菜与素菜的营养成分各有特点，如动物蛋白质多为优质蛋白质，营养价值高。荤菜中含磷脂和钙较多，有的还含素食中缺少的维生素 A、维生素 D。素菜可以为人体提供大量 B 族维生素和维生素 C；植物油中还含较多的维生素 E、维生素 K 以及不饱和脂肪酸；素菜中丰富的纤维素还能使肠道保持通畅。因此，荤素搭配不仅有助于营养互补，使人体需要的营养更加全面合理，还能防止单一饮食给健康带来的危害。

平衡膳食要注意酸碱平衡。正常情况下人的血液的 pH 偏碱性，pH 保持在 7.3～7.4。应当食用适量的酸性食品和碱性食品，以维持体液的酸碱平衡，当食品搭配不当时，会引起生理上的酸碱失调。食物酸碱之分，是指食物在体内最终代谢产物的性质。最终代谢产物为碱性物质的为碱性食物，如海带、蔬菜、水果、奶类、茶叶等，最终代谢产物为酸性物质的为酸性食物，如肉、大米、面粉等。酸性食物含蛋白质多，碱性食物富含维生素与微量元素。过食酸性食物会使体液偏酸，引起轻微酸中毒，易导致风湿性关节炎、低血压、腹泻、偏头痛、牙龈发炎等疾患。同样，过食碱性食物会使体液偏碱，易导致高血压、便秘、糖尿病、动脉硬化、白血病等。

（5）中国居民平衡膳食宝塔

中国营养学会根据人体必需营养素参考摄入量、居民营养与健康状况、食物资源和膳食结构特点，在 1989 年、1997 年、2016 年、2022 年先后几次修订和完善《中国居民膳食指南》。根据《中国居民膳食指南（2022）》的准则和核心推荐，平衡膳食原则被转化为各类食物的数量和所占比例的图形化表示。中国居民平衡膳食宝塔形象化的组合，遵循了平衡膳食的原则，体现了在营养上比较理想的基本食物构成。宝塔共分 5 层，各层面积大小不同，体现了五大类食物（谷薯类、蔬菜水果、畜禽鱼蛋奶类、大豆和坚果及烹饪用油盐）和食物量的多少。食物量是根据不同能量需求量水平设计的，宝塔旁边每类食物的标注量，即在 1600～2400 kcal 能量需要量水平下，一段时间内成年人每人每天各类食物摄入量的建议值范围。

第一层为谷薯类食物。谷薯类是人体能量的主要来源（糖类提供总能量的 60%～70%），也是多种微量营养素和膳食纤维的良好来源。膳食指南中推荐 2 岁以上健康人群的膳食应做到食物多样、合理搭配。谷类为主是合理膳食的重要特征。在 1600～2400 kcal 能量需求量水平下的一段时间内，建议成年人每人每天摄入谷类 200～300 g，其中全谷物和杂豆类50～150 g；另外，薯类 50～100 g 相当于大米 15～35 g。

谷类、薯类和杂豆类是糖类的主要来源。谷类包括小麦、水稻、玉米、高粱等及其制品，如米饭、馒头、烙饼、面包、饼干、麦片等。全谷物保留了天然谷物的全部成分，是理想膳食模式的重要组成，也是膳食纤维素和其他营养素的来源。杂豆包括大豆以外的其他干豆类，如红小豆、绿豆、芸豆等。我国传统膳食中整粒的食物常见的有小米、玉米、绿豆、红豆、荞麦等，现代加工产品有燕麦片等，因此把杂豆与全谷物归为一类。2岁以上人群都应保证全谷物的摄入量，以此获得更多营养素、膳食纤维素。薯类包括马铃薯、红薯、木薯等，可替代部分主食。

第二层为蔬菜、水果。蔬菜、水果是膳食指南中鼓励多摄入的两类食物。在1600～2400 kcal能量需要量水平下，推荐成年人每天蔬菜摄入量至少达到300 g，水果200～350 g。蔬菜、水果是膳食纤维素、微量营养素和植物化学物的良好来源。蔬菜包括茎叶类、花菜类、根菜类、茄果瓜菜类、葱蒜类、菌藻类及水生蔬菜类等。深色蔬菜是指深绿色、深黄色、紫色、红色等有颜色的蔬菜，每类蔬菜提供的营养素略有不同，深色蔬菜一般富含维生素、植物化学物和膳食纤维素，推荐深色蔬菜每天占总体蔬菜摄入量的1/2以上。

水果多种多样，包括仁果、浆果、核果、柑橘类、瓜果等。推荐吃新鲜水果，在鲜果供应不足时可选择一些含糖量低的干果制品和纯果汁。

第三层为鱼、禽、肉、蛋等动物源性食物。鱼、禽、肉、蛋等动物源性食物是膳食指南推荐适量食用的食物。在1600～2400 kcal能量需要量水平下，推荐每天鱼、禽、肉、蛋摄入量共计120～200 g。

新鲜的动物源性食物是优质蛋白质、脂肪和脂溶性维生素的良好来源，建议每天畜禽肉的摄入量为40～50 g，少吃加工类肉制品。目前我国居民的肉类摄入以猪肉为主，且增长趋势明显。猪肉含脂肪较高，应尽量选择瘦肉。常见的水产品包括鱼、虾、蟹和贝类，此类食物富含优质蛋白质、脂类、维生素和矿物质，推荐每天摄入量为40～75 g，有条件可以优先选择。蛋类包括鸡蛋、鸭蛋、鹅蛋、鹌鹑蛋、鸽子蛋及其加工制品，蛋类的营养价值较高，推荐每天1个鸡蛋，吃鸡蛋不能丢弃蛋黄，蛋黄含有丰富的营养成分，如胆碱、卵磷脂、胆固醇、维生素A、叶黄素、锌、B族维生素等，对各个年龄人群的健康都具有益处。

第四层为奶类、大豆和坚果。奶类和大豆是鼓励多摄入的食物。奶类、大豆和坚果是蛋白质和钙的良好来源，营养素密度高。在1600～2400 kcal

能量需要量水平下，推荐每天应摄入至少相当于300 g鲜奶的奶类及奶制品。在全球奶制品消费中，我国居民摄入量一直很低，多吃各种各样的奶制品，有利于提高蛋白质摄入量。

大豆包括黄豆、黑豆、青豆，其常见的制品有豆腐、豆浆、豆腐干等。坚果包括花生、葵花子、核桃、杏仁、榛子等，部分坚果的营养价值与大豆相似，富含必需脂肪酸和必需氨基酸。推荐大豆和坚果摄入量共为25～35 g，其他豆制品摄入量须按蛋白质含量与大豆进行折算。坚果无论作为菜肴还是零食，都是食物多样化的良好选择，建议每周摄入70 g左右（相当于每天10 g左右）。

第五层为烹饪油和盐。油、盐作为烹饪调料必不可少，但建议尽量少用。推荐成年人平均每天烹饪油不超过25～30 g，食盐摄入量不超过5 g。按照DRIs的建议，1～3岁人群膳食脂肪供能比应占膳食总能量的35%；4岁以上人群占20%～30%。在1600～2400 kcal能量需要量水平下脂肪的摄入量为36～80 g。其他食物中也含有脂肪，在满足平衡膳食模式中其他食物建议量的前提下，烹饪油需要限量。按照25～30 g计算，烹饪油提供10%左右的膳食能量。烹饪油包括各种动植物油。烹饪油也要多样化，应经常更换种类，以满足人体对各种脂肪酸的需要。

我国居民食盐用量普遍较高，盐与高血压关系密切，限制食盐摄入量是我国的一个长期行动目标。除了少用食盐外，也需要控制隐形高盐食物。

（6）平衡膳食八项准则

《中国居民膳食指南（2022）》提出了如下平衡膳食八项准则。

① 食物多样，合理搭配。坚持谷类为主的平衡膳食模式。每天的膳食应包括谷薯类、蔬菜、水果、畜、禽、鱼、蛋、奶和豆类食物。平均每天摄入12种食物，每周25种以上，合理搭配。每天摄入谷类食物200～300 g，其中全谷物和杂豆类50～150 g，薯类50～100 g。

② 吃动平衡，健康体重。各年龄段人群都应天天进行身体活动，保持健康体重。食不过量，保持能量平衡。坚持日常身体活动，每周至少进行5天中等强度的身体活动，累计150分钟以上。主动身体活动最好每天走6000步左右。鼓励适当进行高强度有氧运动，加强抗阻运动，每周2～3天。减少久坐时间，每工作一小时起来动一动。

③ 多吃蔬菜、水果、全谷、大豆。蔬菜、水果、全谷物和奶及奶制品是平衡膳食的重要组成部分。餐餐有蔬菜，保证每天摄入不少于300 g的新

鲜蔬菜，深色蔬菜应占1/2以上。天天吃水果，保证每天摄入200～350 g新鲜水果，果汁不能代替鲜果。吃各种各样的奶制品，摄入量相当于每天300 mL以上的鲜奶。经常吃全谷物、大豆制品，适量吃坚果。

④ 适量吃鱼、禽、蛋、瘦肉。鱼、禽、蛋和瘦肉摄入要适量，平均每天120～200 g。每周最好吃鱼2次或300～500 g，蛋300～350 g，畜禽肉300～500 g。少吃深加工肉制品，少吃肥肉、烟熏和腌制肉制品。

⑤ 少盐少油，控糖限酒。培养清淡饮食习惯，少吃高盐和油炸食品。成年人每天摄入食盐不超过5 g，烹饪油25～30 g。控制添加糖的摄入量，每天不超过50 g，最好控制在25 g以下。反式脂肪酸每天摄入量不超过2 g。不喝或少喝含糖饮料。青少年、孕妇、乳母以及慢性病患者不应饮酒。成年人如饮酒，一天饮用的乙醇量不超过15 g。

⑥ 规律进餐，足量饮水。合理安排一日三餐，定时定量，不漏餐，每天吃早餐。规律进餐、饮食适度，不暴饮暴食、不偏食挑食、不过度节食。足量饮水，少量多次。在温和气候条件下，低身体活动水平成年男性每天饮水1700 mL，成年女性每天饮水1500 mL。推荐白开水或茶水，少喝或不喝含糖饮料。

⑦ 会烹会选，会看标签。在生命的各个阶段都应做好健康膳食规划。认识食物，选择新鲜的、营养素密度高的食物。学会阅读食品标签，合理选择预包装食品。学习烹饪，传承传统饮食，享受食物天然美味。在外就餐时，不忘适量与平衡。

⑧ 公筷分餐，杜绝浪费。讲究卫生，从分餐公筷做起。珍惜食物，按需备餐，提倡分餐不浪费。做可持续食物系统发展的践行者。

（7）一日三餐的膳食安排

合理安排一日三餐的时间、食量和能量摄入，是合理膳食的重要组成部分。一般情况下，一天需要的营养，应该均摊在三餐之中。每餐所摄取的热量应该占全天总热量的1/3左右，但午餐既要补充上午消耗的热量，又要为下午的工作、学习提供能量，可以多一些。所以，一日三餐的热量，早餐应该占25%～30%，午餐占40%，晚餐占30%～35%。

人们常说“早吃好，午吃饱，晚吃少”，这一养生经验是有道理的。早餐不但要注意数量，而且还要讲究质量。主食一般吃含淀粉的食物，如馒头、豆包、玉米面窝头等，还要适当地增加一些含蛋白质丰富的食物，如牛奶、豆浆、鸡蛋等，使体内的血糖迅速升高到正常或超过正常标准，从而使人精神振奋，能精力充沛地工作和学习。午餐应适当多吃一些，而且质量要高。主食如米饭，馒头等，副食要增加富含蛋白质和脂肪的食物，如鱼类、肉类、蛋类、豆制品等，同时也要补充新鲜蔬菜，使体内血糖继续维持在高水平，以保证下午的工作和学习。晚餐要吃得少，以清淡、容易消化为原则，至少要在就寝前两个小时进餐。如果晚餐吃得过多，并且吃进大量含蛋白质和脂肪的食物，不容易消化，也影响睡眠。另外，人在夜间不活动，吃多了易营养过剩，也会导致肥胖，还可能使脂肪沉积到动脉血管壁上，导致心血管疾病。

（8）食谱设计

① 减肥者的食谱设计。肥胖的根本原因是能量摄入多于消耗。减肥食谱的目标是控制总能量的摄入，主要途径是降低脂肪和糖类的摄入量。减少能量绝不意味着减少蛋白质、维生素和矿物质的供应。网上流行的只让吃某一两种食品，如苹果、番茄，这些减肥法都违背了营养平衡的原则，长期如此必然是有害健康的。减肥食谱必须由多样化的食物构成，必须维持营养平衡，否则极易半途而废，或者严重伤害身体。正确的方法是采用正确的食谱设计饮食，同时配合适量的有氧运动。

减肥食谱的设计要点：控制总能量，选择低脂肪食物，但仍提供充足的必需脂肪酸。每日胆固醇摄入量控制在 300 mg 以内；多选择粗粮、豆类、薯类等做主食；增加天然形态食物的比例，少用加工食品，以提高饱腹感；少油，多吃蔬菜，水果不宜榨汁而应整食，水果摄入较多时应酌情减少主食；调味清淡，少用增鲜调味料，减少油、盐和糖的用量；每日烹饪油不超过 25 g，盐不超过 5 g；进食餐次因人而异，以三餐为基础，在总能量不变的前提下可增加至 4 ~ 5 餐。动物源性食物尽量安排在早、午餐吃，晚餐应以清淡为主，优先摄入蔬菜和水果。定时定量，每餐七分饱即可，晚餐更不宜饱。

② 老年人营养膳食。食宜多样：老年人精气渐衰，应摄食多样食物，谷类、水果、畜肉、蔬菜适当搭配，做到营养丰富全面，以补益精气、延缓衰老。老年人由于生理功能减退，容易发生钙代谢的负平衡，出现骨质疏松症及脱钙现象，极易造成骨折。老年人胃酸分泌相对减少，也会影响钙的吸收和利用。在饮食中选用含钙高的食品，适当多补充钙质，如奶及奶制品、大豆及豆制品是理想的食物钙来源。针对老年人体弱多病的特点，可以经常食用莲子、山药、藕粉、核桃、黑豆等补脾肾的食品。

食宜清淡：老年人脾胃虚衰，消纳运化力薄，饮食宜清淡。多吃鱼、瘦肉、豆类食品和新鲜蔬菜、水果，不宜浓浊、肥腻或者过咸的食品。要限制动物脂肪，宜食植物油。现代营养学提出老年人的饮食应是“三多三少”，即蛋白质多、维生素多、纤维素多；糖类少、脂肪少、盐少。

食宜温热熟软：老年人宜食用温热之品护持脾胃，勿食或少食生冷，以免损伤脾胃，亦不宜温热过甚。宜食用软食，忌食黏硬不易消化之品。粥不但容易消化，而且益胃生津，对老年人的脏腑特别适宜。

食宜少缓：老年人宜谨记“食饮有节”，不宜过饱。老年人少量多餐，既要保证营养供足，又不伤肠胃。进食不可过急过快，宜细嚼慢咽，这不但有助于饮食的消化吸收，而且可避免“呑、呛、噎、咳”的发生。

③ 高血压患者的食谱设计。控制总能量，控制脂肪摄入量，降低动物脂肪比例，使用富含单不饱和脂肪酸和 a－亚麻酸的植物油烹饪，如茶籽油、橄榄油、亚麻籽油、核桃油、麦胚油等。胆固醇控制在每日 300 mg 以下；供应适量的蛋白质，为每千克体重约 1 g，其中一半以上来自植物蛋白；可经常食用各种豆制品；选用富含膳食纤维素的主食，如粗粮、豆类、薯类等；供给充足的钾、钙、镁元素。每天充足摄入薯类、蔬菜、水果、低脂奶和发酵奶，以及适量的坚果；严格控制盐分和高钠食品，烹饪清淡，每日摄入总盐量不超过 5 g；控制鱼肉类的摄入量在每日 75 g 以下，少食畜肉；严格限制饮酒。

④ 高脂血症患者食谱设计。控制总能量，控制脂肪摄入量，尤其控制饱和脂肪酸摄入量。油脂选择同高血压病要求一致。胆固醇控制在每日 200 mg 以下。糖类的供应优先选择粗粮、豆类等原料；供给适量的蛋白质，为每千克体重约 1 g，其中一半以上来自植物蛋白，降低动物蛋白比例；供给充足的蔬菜、水果和薯类，增加可溶性膳食纤维的供应，以帮助控制血脂；烹饪清淡，日摄入总盐量 5 g 以下；增加体力活动，每日宜有 1 小时温和的有氧运动，循序渐进，不宜做剧烈运动。

第 8 章 食品添加剂

食品添加剂是构成现代食品工业的重要因素，对于改善食品的色、香、味，增加食品营养，提高食品品质，改善加工条件，防止食品变质，延长食品的保质期，丰富食品种类，满足消费者对食品多元化的消费需求等方面具有极其重要的作用。食品添加剂大大促进了食品工业的发展，被誉为现代食品工业的灵魂。在我们每天吃的主食和副食中，几乎都含有食品添加剂。例如，面粉中加入的面粉处理剂，糖果和饮料中加入的着色剂和甜味剂，饼干、面包、糕点中加入的疏松剂等。正是因为有了食品添加剂，才使得食品的生产、储运和流通得以正常进行，超市中的食物品种才能如此丰富。可以说，没有食品添加剂，就没有现代食品工业。

近年来食品“非法添加物”事件多发，导致人们谈“添加剂”色变，甚至希望所有的食物都能够像某些食品宣称的那样“不含任何添加剂”。事实上，食品添加剂与非法添加物是完全不同的，消费者不必刻意回避食品添加剂，应科学理性看待。

1．食品添加剂的定义

联合国粮农组织（FAO）和世界卫生组织（WHO）联合食品法规委员会对食品添加剂定义为：食品添加剂是有意识地一般以少量添加于食品，以改善食品的外观、风味和组织结构或储存性质的非营养物质。按照这一定义，以增强食品营养成分为目的的食品强化剂不应该包括在食品添加剂范围内。

按照《中华人民共和国食品安全法》第一百五十条，我国对食品添加剂定义为：食品添加剂，指为改善食品品质和色、香、味以及为防腐、保鲜和加工工艺的需要而加入食品中的人工合成或者天然物质，包括营养强化剂。

2．食品添加剂的特征和分类

食品添加剂具有以下三个特征：一是加入食品中的物质，因此，它一般不单独作为食品来食用；二是既包括人工合成的物质，也包括天然物质；三是加入食品中的目的是改善食品品质和色、香、味以及满足防腐、保鲜和加工工艺的需要。

根据《食品添加剂使用标准》（GB2760—2014），目前我国批准使用的食品添加剂有2300多种。

食品添加剂按来源分类，可分为天然和人工化学合成两大类，包括天然提取物添加剂，即从天然动植物体内提取、分离纯化得到的，如辣椒红、薄荷等；发酵合成物添加剂，即利用微生物发酵，微生物的代谢产物，如柠檬酸、乳酸等；化学合成物添加剂，即利用各种有机、无机物通过化学合成方法得到的，如苯甲酸钠、焦硫酸钠等。

食品添加剂按功能分类，可分为二十三大类。主要有酸度调节剂、抗结剂、消泡剂、抗氧化剂、漂白剂、膨松剂、胶基糖果中基础剂物质、着色剂、护色剂、乳化剂、酶制剂、增味剂、面粉处理剂、被膜剂、水分保持剂、营养强化剂、防腐剂、稳定剂和凝固剂、甜味剂、增稠剂、食品用香料、食品工业用加工助剂，以及其他。这些食品添加剂可保持或提高食品的安全性、新鲜度、味道、质地或外观。

食品添加剂按使用目的分类，可分为：为防止食品的污染、预防食品腐败变质的发生而添加的防腐剂、抗氧化剂；为改善食品的外观性状而添加的着色剂、漂白剂、乳化剂、稳定剂；为改善食品的风味而添加的增味剂、香料等；为满足食品加工工艺的需要，而采用的酶制剂、消泡剂和凝固剂等；为增加食品的营养价值而添加的维生素、氨基酸、矿物质等营养剂；其他，如为满足糖尿病患者需要而使用的无糖的甜味剂。

3．食品添加剂的作用

食品添加剂的主要作用有如下几点。

① 利于食品保存，防止变质。例如，防腐剂可以防止由微生物引起的食品腐败变质，延长食品的保存期，同时还具有防止由微生物污染引起的食物中毒作用。因此，不使用防腐剂可能具有更大的危险性，因为变质的食物往往会引起食物中毒等疾病。又如，抗氧化剂可阻止或推迟食品的氧化变质，以提高食品的稳定性和耐藏性，同时也可防止可能有害的油脂自动氧化

物质的形成。此外，食品添加剂还可用来防止食品，特别是水果、蔬菜的酶促褐变与非酶褐变。这些对食品的保藏都是具有一定意义的。

② 改善食品的感官性状。食品的色、香、味、形态和质地等是衡量食品质量的重要指标。适当使用着色剂、护色剂、漂白剂、食用香料以及乳化剂、增稠剂等食品添加剂，可明显提高食品的感官质量，满足人们的不同需要。

③ 保持或提高食品的营养价值。在食品加工时适当地添加某些属于天然营养范围的食品营养强化剂，可以大大提高食品的营养价值，这对防止营养不良和营养缺乏、促进营养平衡、提高人们健康水平具有重要意义。

④ 增加食品的品种和方便性。现在市场上已拥有多达20000种的食品可供消费者选择，尽管这些食品的生产大多通过一定包装及不同加工方法处理，但在生产工程中，一些色、香、味俱全的产品，大多不同程度地添加了着色、增香、调味乃至其他食品添加剂。正是这些众多的食品，尤其是方便食品的供应，给人们的生活和工作带来了极大的方便。

⑤ 有利食品加工，适应生产机械化和自动化。在食品加工中使用消泡剂、助滤剂、稳定剂和凝固剂等，可有利于食品的加工操作。例如，当使用葡萄糖酸-δ-内酯作为豆腐凝固剂时，可有利于豆腐生产的机械化和自动化。

⑥ 满足其他特殊需要。例如，糖尿病患者不能吃糖，则可用无营养甜味剂或低热能甜味剂，如添加三氯蔗糖或天门冬酰苯丙氨酸甲酯（阿斯巴甜）制成无糖食品以满足其需求。

4. 食品添加剂的安全使用

食品添加剂在使用时应符合以下基本要求：不应对人体产生任何健康危害；不应掩盖食品腐败变质；不应掩盖食品本身或加工过程中的质量缺陷，或以掺杂、掺假、伪造为目的，而使用食品添加剂；不应降低食品本身的营养价值；在达到预期目的的前提下，尽可能降低在食品中的使用量；食品工业用加工助剂一般应在制成最后成品之前除去，有规定食品中残留量的除外。

为保障消费者健康，WHO和FAO设立了专门的食品添加剂联合专家委员会（JECFA）负责建立全球统一的食品添加剂风险评估原则和方法，并在国际层面开展食品添加剂的风险评估工作。国际食品法典委员会（CAC）建立了国际层面食品添加剂的使用标准（非强制）。我国作为国际食品添加剂法典委员会（CCFA）主持国，结合我国食品添加剂的实际生产、使用情况和居民食物消费数据，开展食品添加剂风险评估工作。

目前国际、国内对待食品添加剂均持严格管理、加强评价和限制使用的态度。为了确保食品添加剂的食用安全，每种食品添加剂都是在毒理学的基础上对其进行安全性评价。评价食品添加剂的毒性（或安全性）的首要标准是ADI值，即人体每日摄入量；评价食品添加剂安全性的第二个常用指标是LD_{50}值，即半数致死量，亦称致死中量。在按国家有关标准进行毒理学评价后，方能制定限量标准。我国《食品添加剂使用标准》（GB2760—2014）对各类食品添加剂的使用范围和剂量，都制定了严格、详细的标准，规定了食品添加剂的使用原则、允许使用的食品添加剂品种、使用范围及最大使用量或残留量。符合标准规定的食品添加剂对人体无害，且具有一定的营养价值。只要是在规定范围内添加，即便是长期摄入，也不会给健康带来威胁，对此无须担心。我国还会根据安全性、工艺必要性等方面的信息，对正在使用中的食品添加剂，实行动态跟踪评价，不断调整使用范围和用量，确保了我国食品添加剂使用的安全。

按照《中华人民共和国食品安全法》规定，我国建立了一系列食品添加剂的管理制度。上市前对食品添加剂实行严格的审批制度；生产时对食品添加剂的生产企业实行生产许可制度；使用时建立了食品添加剂的风险评估制度，并制定了涵盖食品添加剂使用规定、产品要求、生产规范、标签标识、检验方法等在内的700余项强制性食品安全国家标准。此外，还建立了食品添加剂生产、经营、使用要求和相应的监督管理制度，以及食品添加剂的进出口管理制度等。食品添加剂在合法使用情况下是安全的。

既然食品添加剂的使用有严格标准，安全有保障，同时也是食品工业和餐饮业发展的需要，为什么还是有人对它心存疑虑？其中一个重要原因就是：食品添加剂替非法添加物“背了黑锅”。例如，人们熟知的三聚氰胺、苏丹红、吊白块，这些都不是食品添加剂，是非法添加物，是不允许在食物中使用的。在我国食品添加剂使用国家标准中，从来没有这一类物质的标准，但是有不少消费者就误认为这些是食品添加剂，因此对食品添加剂谈之色变、避之不及。这些物质一旦添加至食品内就是违法行为，要受到法律的惩罚。另外，食品添加剂在超量或超范围使用的情况下，可能会给消费者的健康带来危害。超量就是超过了规定的最大使用量或残留量；超范围使用是指超出了该添加剂允许使用的食品种类，比如把规定只能用于水果干、干果漂白的漂白剂，用在了面粉、馒头的漂白上，这就属于超范围使用。超量或超范围使用（滥用）食品添加剂也属于违法行为。

迄今为止，我国发生的对人体健康造成危害的食品安全事件，没有一起是由于合法使用食品添加剂造成的。超范围、超限量使用食品添加剂和添加非食用物质等“两超一非”违法行为，才是导致食品安全问题发生的原因。

5．常用的食品添加剂

（1）食品防腐剂

食品防腐剂是指防止食品腐败、变质，延长食品保存期，抑制食品中微生物繁殖的物质。要使食品有一定的保存期，就必须采用一定的措施来防止微生物的感染和繁殖。采用防腐剂是达到上述目的的最经济、最有效和最简捷的办法之一。防腐剂一般分为酸型防腐剂、酯型防腐剂和生物型防腐剂。

酸型防腐剂常用的有苯甲酸、山梨酸和丙酸（及其盐类），酸性越大效果越好，而在碱性中则几乎无效。脱氢醋酸及其钠盐对霉菌和酵母的抑菌能力强，为苯甲酸钠的2~10倍，但有抑制体内多种氧化酶的作用，其安全性受到怀疑，故已逐步被山梨酸所取代。

酯型防腐剂包括对羟基苯甲酸酯类（有甲、乙、丙、异丙、丁、异丁、庚等），成本较高，对霉菌、酵母与细菌有广泛的抗菌作用。其中，对霉菌和酵母的作用较强，但对细菌特别是革兰氏阴性杆菌及乳酸菌的作用较差。其抑菌的能力随烷基链的增长而增强。我国目前仅限于应用丙酯和乙酯。

生物型防腐剂主要是乳酸链球菌素，是乳酸链球菌属微生物的代谢产物，可用乳酸链球菌发酵提取而得。乳酸链球菌素在人体的消化道内可为蛋白水解酶所降解，不以原有的形式被吸收入体内，是一种比较安全的防腐剂。对厌氧芽胞杆菌及嗜热脂肪芽胞杆菌有很强的抑菌作用，对霉菌和酵母的影响很弱，一般仅应用于奶制品、罐装食品、植物蛋白食品的防腐。

目前常用的食品防腐剂主要有以下几种。

① 苯甲酸及其钠盐：苯甲酸又名安息香酸。由于其在水中溶解度低，故多使用其钠盐，成本低廉。酸性环境对多种微生物有明显的抑菌作用。苯甲酸是一种芳香酸类化合物，少量的苯甲酸进入人体后，能与人体内的氨基乙酸反应生成马尿酸，还能与人体内的葡萄糖醛酸结合生成葡萄糖苷酸而随尿液排出体外。毒性较小，且在空气中比较稳定，在我国应用较广泛。

② 山梨酸及其盐类：山梨酸在水中的溶解度有限，故常使用其钾盐。是一种广谱食品防腐剂，抗菌力强，毒性小，是一种不饱和脂肪酸，可参与人体的正常代谢，并被转化而产生二氧化碳和水，是国际公认的低毒、安全及高效的食品防腐剂。广泛用于蔬菜、水果、火腿、香肠、水产品、酱油、

酱菜、糕点、饮料、罐头、糖果、蜜饯等多类食品的防腐中。其使用方法灵活，可以直接向食品中添加，也可以喷洒或者浸泡，是很多企业的首选食品防腐剂。

③ 丙酸及其盐类：丙酸是具有类似醋酸刺激性气味的液体，由于是人体新陈代谢的正常中间物，故无毒性，其 ADI 值不加限制。丙酸对霉菌、好气性细菌、革兰氏阴性菌，尤其是对使面包生成丝状黏质的大肠杆菌有效，并能防止黄曲霉毒素的产生。丙酸抑菌作用较弱，使用量较高，常用于糕点的制作。丙酸盐具有相同的防腐效果，常用的是其钙盐和钠盐。

④ 对羟基苯甲酸酯：又称尼泊金酯，为无色结晶或白色结晶粉末，无味，无臭。主要用于酱油、果酱、清凉饮料等。防腐效果优于苯甲酸及其钠盐，使用量约为苯甲酸钠的1/10，适宜 pH 为4～8。对羟基苯甲酸酯的毒性低于苯甲酸，其水溶性较差，常用醇类先溶解后再使用，价格也较高。

⑤ 天然食品防腐剂：具有抗菌性强、安全无毒、水溶性好、热稳定性好、作用范围广等优点，不但对人体健康无害，而且还具有一定的营养价值。近年来研究开发的天然防腐剂有那他霉素、葡萄糖氧化酶、鱼精蛋白、溶菌酶、聚赖氨酸、壳聚糖、果胶分解物、蜂胶、茶多酚等。

⑥ 其他防腐剂：双乙酸钠、仲丁胺、二氧化碳、硝酸钠、硝酸钾、亚硝酸钠、亚硝酸钾等也都常被用作防腐剂。双乙酸钠既是一种防腐剂，也是一种螯合剂，对谷类和豆制品有防止霉菌繁殖的作用。仲丁胺不应添加于加工食品中，只在水果、蔬菜储存期防腐使用。

（2）食品乳化剂

添加少量即能使互不相溶的液体（如油和水）形成稳定乳浊液的食品添加剂称为乳化剂（也称为表面活性剂）。食品乳化剂主要有以下四种类型。

① 脂肪酸甘油酯：甘油和脂肪酸反应，可以生成单、双和三酯。单脂肪酸甘油酯，简称单甘酯，是一种重要的食品乳化剂，广泛用于起酥油、糕点、糖果、冰激凌中，起乳化、发泡、防结晶、抗老化作用。

② 蔗糖脂肪酸酯：这是一种性能优良、高效、安全的乳化剂。蔗糖脂肪酸酯以蔗糖部分为亲水基，长碳链脂肪酸部分为亲油基，在体内可被消化成蔗糖和脂肪酸而被吸收。蔗糖脂肪酸酯无毒、无刺激，易被生物降解，因此在食品中的使用没有限制。

③ 失水山梨醇脂肪酸酯：商品名为司盘（Span），司盘类乳化剂在碱催化下与环氧乙烷起加成反应，可得到吐温（Tween）类乳化剂。

④ 大豆磷脂：大豆磷脂又称大豆卵磷脂或磷脂，为淡黄色或褐色透明、半透明的黏稠物质，是大豆油生产中的副产品，是一种天然的表面活性剂。其主要成分是卵磷脂、脑磷脂和肌醇磷脂。大豆磷脂作为乳化剂，具有优良的乳化性、抗氧化性、分散性和保湿性，已广泛用于食品、速溶奶、人造奶油、颗粒饮料、营养乳化剂等方面。

（3）食品增稠剂

增稠剂是一类能提高食品黏度并改变其性能的食品添加剂。食品乳化剂和增稠剂都是改善和稳定食品各组分的物理性质或改善食品组织状态的添加剂，对食品的“形”和“质”及食品加工工艺性能有着重要作用。食品增稠剂主要有以下五种类型。

① 明胶：明胶为白色或淡黄色、半透明、微带光泽的薄片或细粒，其主要成分是蛋白质，是由动物的皮、骨、软骨等所含的胶原蛋白经部分水解而得到的高分子多肽聚合物。明胶凝胶坚韧、富有弹性，承压性好，在 30 ℃的水中溶解，冷却后凝成胶体。

② 麦芽糊精：麦芽糊精也称水溶性糊精或酶法糊精，是以各类淀粉作原料，经酶法工艺低程度控制水解转化、提纯、干燥而成。麦芽糊精广泛应用在糖果、麦乳精、奶粉、冰激凌、饮料、罐头及其他食品中，是各类食品的填充料和增稠剂。

③ 果胶：果胶是一种广泛存在于植物组织中的多糖物质，其主要成分为半乳糖醛酸，是不受添加量限制的公认安全的食品添加剂。目前生产果胶的主要原料是柑橘类果皮。

④ 卡拉胶：卡拉胶是由红藻中提取的天然植物胶，其主要成分是 D－半乳糖和 L－半乳糖。卡拉胶是由麒麟菜、沙菜、角叉菜等原料中提取的。在食品工业上使用的卡拉胶主要有凝胶性、黏稠性、稳定性、乳化性及悬浮性等特性，广泛应用于奶制品、冰激凌、饮料、面包、水凝胶、肉制品、罐头等食品中。

⑤ 黄原胶：黄原胶是一种安全无毒、无味的新型食品添加剂，具有优异的增稠、悬浮、乳化、稳定等功能。黄原胶由黄单胞杆菌以淀粉类物质为主要原料，通过一系列生物化学反应产生的胞外异多糖。其主要成分为葡萄糖、甘露糖、葡萄糖醛酸等，是目前国内外微生物多糖产品中最具商业价值、产量最大、市场覆盖面最广的产品。黄原胶具有优良的增稠性能，与高浓度的糖或多种盐类共存时能形成稳定的增稠体系。

（4）酸味剂

酸味剂是能够赋予食品酸味并控制微生物生长的食品添加剂，是酸度调节剂的一种。酸味能促进唾液、胃液、胆汁等消化液分泌，具有促进食欲和助消化作用，其主要作用还有调节食品的pH、用作抗氧化剂的增效剂、防止食品酸败或褐变、抑制微生物生长及防止食品腐败等。酸味剂主要分为两类：有机酸类（柠檬酸、乳酸、酒石酸、苹果酸、富马酸和己二酸等）、无机酸类（食用磷酸、碳酸等）。

① 柠檬酸：柠檬酸为无色透明结晶或白色粉末，有温和爽快的酸味，普遍用于汽水、葡萄酒、糖果、点心、罐头果汁、奶制品等食品的制造中。

② 苹果酸：苹果酸化学名为羧基丁二酸或羟基琥珀酸，系一种白色或荧白色固体。有特殊的苹果酸香味，广泛应用于酸奶、汽水、冰激凌、口香糖、番茄酱、果酱、醋、果酒、人造奶油等食品中。苹果酸使用效果比柠檬酸好，酸味浓，有接近天然果汁的口感，pH调节效果好。

（5）甜味剂

甜味剂是以赋予食品甜味为主要目的的食品添加剂。按其来源可分为天然甜味剂和合成甜味剂两类。天然甜味剂又分为糖与糖的衍生物、非糖天然甜味剂两类。蔗糖、葡萄糖、果糖等也是天然甜味剂。由于它们除赋予食品以甜味外，还是重要的营养素，供给人体以能量，通常被视作食品原料，一般不作为食品添加剂加以控制。人工合成甜味剂主要是一些具有甜味的化学物质，甜度一般比蔗糖高数十倍至数百倍，大多不具有营养价值，不参与人体代谢，不提供能量，非常适合糖尿病患者、肥胖人群食用。

① 糖精与糖精钠：糖精化学名为邻磺酰苯甲酰亚胺，是世界各国广泛使用的一种人工合成甜味剂，价格低廉，甜度大，其甜度相当于蔗糖的300~500倍。糖精钠在体内不被分解，不被利用，大部分随尿排出而不损害肾功能。不改变体内酶系统的活性。全世界广泛使用糖精数十年，尚未发现对人体的毒害作用。

② 木糖醇：木糖醇是将木材、玉米芯等材料中的木糖或聚木糖还原后制成的一种糖醇，为白色结晶或结晶性粉末，具有清凉甜味，甜味度为砂糖的65%~100%，有抑制形成龋齿的变形杆菌活动的功效。木糖醇不需要通过胰岛素就能透过细胞壁被人体吸收，并有降低血脂、抗酮体等功能，可用于制作饮料、糖果、罐头等食品。

③ 甜叶菊苷：甜叶菊中含有的一种强甜味成分，是一种含二萜烯的糖

苷。为无色或淡黄色的针状结晶。甜叶菊苷对热、酸、碱都很稳定，比较安全，甜度为蔗糖的300倍左右。但甜叶菊苷的口感差，有甘草味，浓度高时有苦味，因此往往与蔗糖、果糖、葡萄糖等混用，并与柠檬酸、苹果酸等合用以减弱苦味。

④ 麦芽糖醇：甜度为蔗糖的80%~90%，摄入后不产生热量，也不会合成脂肪和刺激胆固醇的形成。纯净的麦芽糖醇的化学性质十分稳定，耐热性、耐酸性均比蔗糖、山梨糖醇和木糖醇好，麦芽糖醇在人体消化过程中能够抵抗胃液的消化作用、小肠酶类的水解作用以及大肠微生物的分解。这种特殊的生理学性能，使麦芽糖醇成为口感优良、无热量的高档保健甜味剂。

⑤ 阿斯巴甜：阿斯巴甜化学名为天门冬酰苯丙氨酸甲酯，为一种二肽衍生物，食用后在体内分解成相应的氨基酸，是一种新型的氨基酸甜味剂。外观为白色晶体或结晶粉末，具有砂糖似的纯净甜味，甜度为蔗糖的100~200倍，味感接近于蔗糖，对食品风味有增效作用。阿斯巴甜安全性能好，在体内代谢不需要胰岛素参与，能很快被消化吸收，而且不会造成龋齿。

⑥ 安赛蜜：化学名为乙酰磺胺酸钾，是白色结晶状粉末，对光、热均稳定，甜度约是蔗糖的200倍，甜感持续时间长，味感优于糖精钠，吸收后迅速随尿排出，无蓄积作用。与阿斯巴甜1∶1合用，有明显的增效作用。

⑦ 其他甜味剂：主要有低聚果糖、赤藓醇、甜蜜素、索马甜等。

(6) 着色剂

着色剂又称食品色素，是以食品着色为主要目的，赋予食品色泽和改善食品色泽的物质。其目的是增加消费者对食品的喜爱程度及刺激食欲。食用色素按来源可分为食用合成色素和食用天然色素两大类。

① 食用合成色素：食用合成色素主要指按照人工合成方法制得的有机色素，按化学结构分为偶氮类和非偶氮类。为达到安全使用的目的，须对合成食用色素进行严格的毒理学评价，包括化学结构、理化性质、纯度、在食品中的存在形式以及降解过程和降解产物；随同食品被机体吸收后，在组织器官内的潴留分布、代谢转变和排泄状况；本身及其代谢产物在机体内引起的生物学变化，以及对机体可能造成的毒害，包括急性毒性、慢性毒性、对生育繁殖的影响、胚胎毒性、致畸性、致突变性、致癌性、致敏性等。我国允许使用的有苋菜红、胭脂红、柠檬黄、日落黄、亮蓝、靛蓝等。人工合成色素一般色泽鲜艳、性质稳定、着色力强且稳定，宜于调色和复配，价格低，主要用于饮料、配制酒、糖果等食品，是我国食品、饮料的主要着

色剂。

② 食用天然色素：主要从动植物组织中用溶剂萃取而制得，且是可食用的。天然色素虽然色泽稍逊，对光、热、pH 等稳定性相对较差，但安全性相对比人工合成色素要高，且来源丰富，有的天然色素还具有维生素活性或某种药理功能，日益受到人们重视，生产、销售量增长很快。但天然色素成分复杂，经过纯化后的天然色素，其作用也有可能和原来的不同，而且在精制的过程中，其化学结构也可能发生变化；此外在加工的过程中，还有被污染的可能。故不能认为天然色素就一定是纯净无害的。我国允许使用的天然色素有甜菜红、紫胶红、越橘红、辣椒红、焦糖、红米红等几十种。

"苏丹红一号"是一种呈鲜红色的人造化学色素，常用于工业生产，比如溶解剂、机油、蜡和鞋油等产品的染色。"苏丹红一号"是一种致癌性物质，我国禁止将其作为着色剂用于食品生产。若将其用于某些食品（如辣椒面、番茄酱等）的增色则构成违法犯罪。

（7）发色剂

发色剂也称为护色剂、呈色剂或助色剂。它们能与肉及肉制品中的呈色物质相互作用，使之在食品加工、保藏等过程中不致分解、破坏，使食品呈现良好的色泽。亚硝酸盐作为重要的食品添加剂，在我国使用历史悠久，在肉制品加工中发挥着多方面的作用。

我国批准使用的发色剂是硝酸钠（钾）和亚硝酸钠（钾）。最常使用的发色助剂为 L－抗坏血酸、L－抗坏血酸钠及烟酰胺等。发色剂所起到的作用是护色、抑制微生物繁殖、增强风味。

① 发色机制：硝酸盐在亚硝酸菌的作用下被还原成亚硝酸盐，亚硝酸盐在酸性条件下可生成亚硝酸，亚硝酸很不稳定，在常温下可分解产生亚硝基，亚硝基很快与肌红蛋白反应生成鲜艳的、亮红色的亚硝基肌红蛋白，亚硝基肌红蛋白遇热后放出巯基，生成较稳定的具有鲜红色的亚硝基血色原。L－抗坏血酸主要用来防止肌红蛋白氧化，且可把氧化型的褐色高铁肌红蛋白还原为红色的还原型肌红蛋白；烟酰胺可与肌红蛋白结合生成稳定的烟酰胺肌红蛋白，难以被氧化，故在肉类制品的腌制过程中添加适量的烟酰胺，可以防止肌红蛋白在从亚硝酸到生成亚硝基期间的氧化变色。另外，亚硝酸盐在肉制品中，对抑制微生物的增殖有一定的作用。

② 亚硝酸盐的安全性问题：亚硝酸盐是添加剂中急性中毒毒性较强的物质之一，可使人体内正常的血红蛋白变成高铁血红蛋白，失去携带氧的能

力，导致组织缺氧。另外，亚硝酸盐能与多种氨基化合物（主要来自蛋白质分解产物）反应，产生致癌的 N－亚硝基化合物，如亚硝胺等。亚硝胺是目前国际上公认的一种强致癌物。因此，国际上对食品中添加硝酸盐和亚硝酸盐的问题十分重视，在没有理想的替代品之前，须把用量限制在最低水平。

抗坏血酸与亚硝酸盐有高度亲和力，在体内能防止亚硝化作用，从而几乎能完全抑制亚硝基化合物的生成。所以在肉类腌制时添加适量的抗坏血酸，有可能防止生成致癌物质。

虽然硝酸盐和亚硝酸盐的使用受到了很大限制，但至今国内外仍在继续使用。其原因是亚硝酸盐对保持腌制肉制品的色、香、味有特殊作用，迄今未发现理想的替代物质。更重要的原因是亚硝酸盐对肉毒梭状芽胞杆菌有抑制作用，但对使用的食品种类及其使用量和残留量有严格要求。

（8）漂白剂

漂白剂是能够破坏、抑制食品中的发色因素，使其褪色或者使食品免于褐变的物质。使用漂白剂能够改善食物色泽。漂白剂可分为氧化型漂白剂和还原性漂白剂两种类型。

① 氧化型漂白剂：通过氧化作用使着色物质被氧化破坏，达到漂白目的，用于面粉处理漂白，常用的有偶氮二甲酰胺、过氧化苯甲酰。

② 还原型漂白剂：通过还原等化学作用消耗食品中的氧，破坏、抑制食品氧化酶活性和食品的发色因素，使食品褐变色素褪色或免于褐变，同时还具有抑制微生物繁殖，起到抗氧化和防腐的作用。我国允许使用的还原型漂白剂有二氧化硫、焦亚硫酸钾、焦亚硫酸钠、亚硫酸钠、低亚硫酸钠、亚硫酸氢钠、硫黄（仅限于蜜饯、干果、干菜、粉丝、食糖的熏蒸），共七种。它们在水果干、蜜饯糖果、干制蔬菜、腌渍蔬菜、干制食用菌和藻类、腐竹等食品的漂白中发挥着重要作用。亚硫酸盐这类化合物不适用于动物源性食物，以免产生令人不愉快的气味。亚硫酸盐对维生素 B_1 有破坏作用，故维生素 B_1 含量较多的食品如肉类、谷物、奶制品及坚果类食品也不适合。

吊白块又称雕白粉，系以福尔马林结合亚硫酸氢钠还原制得，呈白色块状或结晶性粉状，易溶于水。常温时较为稳定，高温下具有极强的还原性，有漂白作用。吊白块遇酸即分解，其水溶液在 60 ℃以上就开始分解出有害物质，120 ℃分解产生甲醛、二氧化硫和硫化氢等有毒气体。吊白块是一种强致癌物质，对人体的肺、肝脏和肾脏损害极大，国家明文规定严禁在食品加工中使用。有不法分子将吊白块用于某些食品（如豆腐、豆皮、米粉、鱼

翅、糍粑等）的增白、防腐、增强韧性等方面，属于违法犯罪行为。

（9）抗氧化剂

抗氧化剂是添加于食品中阻止或延迟食品氧化分解、变质，提高食品质量的稳定性和延长储存期的一类食品添加剂。抗氧化剂主要用于防止油脂及富油脂食品的氧化酸败，引起食品褪色、褐变以及维生素被破坏等。抗氧化剂的作用机制是比较复杂的。例如，有的抗氧化剂是由于本身极易被氧化，首先与氧反应，从而保护了食品；有的抗氧化剂可以释放出氢离子将油脂在自动氧化过程中所产生的过氧化物分解破坏，使其不能形成醛或酮的产物。抗氧化剂只能阻碍氧化作用进程，延缓开始氧化变质的时间，不能使已氧化的产物复原，故抗氧化剂加入越早越好。

抗氧化剂中的丁基羟基茴香醚（BHA）、二丁基羟基甲苯（BHT）、没食子酸丙酯（PG）、特丁基对苯二酚（TBHQ）和生育酚（维生素 E）是国际上广泛使用的 5 种脂溶性抗氧化剂，其中前 4 种均为合成抗氧化剂，生育酚属于天然抗氧化剂。它们可以单独使用，或与柠檬酸、抗坏血酸等酸性增效剂复合使用，抗氧化效果更为显著。食品中常用的抗氧化剂还有茶多酚、二氧化硫及几种亚硫酸盐等。

丁基羟基茴香醚（BHA）：BHA 对热较稳定，弱碱条件下不容易被破坏，对动物性脂肪抗氧化作用比对植物油更有效，适用于动物脂肪焙烤食品的抗氧化保护。BHA 可与碱土金属离子作用变色，所以要避免使用铁、铜等金属容器。BHA 与有螯合作用的柠檬酸或酒石酸混合使用，其抗氧化效果更为显著。一般认为 BHA 毒性很小，较为安全。

二丁基羟基甲苯（BHT）：BHT 稳定性较高，耐热性好，在普通烹饪温度下影响不大，抗氧化效果也好，用于长期保存的食品与焙烤食品很有效，是目前国际上特别是在水产加工方面广泛应用的廉价抗氧化剂。一般与 BHA 并用，并以柠檬酸或其他有机酸为增效剂，但烤制食品效果差于 BHA。

没食子酸丙酯（PG）：PG 对植物油有良好稳定性，对猪油抗氧化效果比 BHA、BHT 的抗氧化效果更好。与 BHT、BHA 合用有良好的增效作用，混用时加柠檬酸为增效剂，抗氧化作用较好。PG 对热敏感，不适于煮炸及焙烤类食品。

特丁基对苯二酚（TBHQ）：TBHQ 为较新的抗氧化剂，对大多数油脂，尤其是对植物油具有有效的抗氧化稳定性。TBHQ 是目前使用效果好且相对较安全的化学合成抗氧化剂。

抗坏血酸钙：抗坏血酸钙常用于去皮或预切的鲜水果、去皮或切块或切丝的蔬菜、浓缩果蔬汁（浆）等的抗氧化。抗坏血酸棕榈酸酯常用于奶粉、面包、方便米面食品、即食谷物等的抗氧化。

茶多酚：茶多酚包括儿茶素、黄酮及其衍生物、花青素等，茶叶中一般含20%~30%的多酚类化合物。其分子结构上的酸性羟基有很强的供氧能力，能中断自动氧化成氢过氧化物的连锁反应。茶多酚抗氧化效果比BHT、BHA、PG都好。茶多酚常用作酱卤肉制品、熏烧烤肉、肉肠、植物蛋白饮料、膨化食品等食物的抗氧化剂。

亚硫酸、亚硫酸盐：通常用于干果类食品中。亚硫酸盐中真正起作用的是其分解后产生的二氧化硫。亚硫酸盐兼具漂白、防腐作用，是一种可以引起过敏和其他健康问题的食品防腐剂。对这些物质敏感的人群，应注意避免食用含有此类成分的食品。

（10）膨松剂

膨松剂是很常见的食品添加剂，能使食品形成致密多孔组织，从而使食品具有蓬松、柔软或酥脆的特性。通常应用于糕点、馒头等以小麦粉为主的食品的制作过程中。膨松剂不仅可提高食品的感官质量，而且也有利于食品的消化吸收。

膨松剂可分为无机膨松剂、有机膨松剂和生物膨松剂三大类。有机膨松剂有葡萄糖酸-δ-内酯等。生物膨松剂有酵母等。无机膨松剂又称化学膨松剂，包括碱性膨松剂，如碳酸氢钠（钾）、碳酸氢铵、轻质碳酸钙等；酸性膨松剂，如硫酸铝钾、硫酸铝铵、磷酸氢钙和酒石酸氢钾等；以及复合膨松剂。

（11）被膜剂

被膜剂是一种覆盖在食物的表面后能形成薄膜的物质，起保质、保鲜、上光、防止微生物入侵、抑制水分蒸发或吸收、调节食物呼吸的作用，有利于水果、蔬菜的长期储存和运输。现允许使用的被膜剂有紫胶、石蜡、吗啉脂肪酸盐（果蜡）、松香季戊四醇酯等，主要应用于水果、蔬菜、软糖、鸡蛋等食品的保鲜，在粮油食品加工中应用也具有很好的效果。

在水果表面使用被膜剂，可以抑制水分蒸发，防止微生物侵入，并形成气调层，吸收和调节食物的呼吸作用，达到延长蔬果保鲜时间的目的。有些糖果，如巧克力等，使用被膜剂后，不仅外观光亮、美观，而且还可以防止粘连，保持质量稳定。在粮食的储藏过程中，被膜剂能有效隔离病菌和虫

害，同时也能在一定程度上抑制粮食的呼吸作用，具有良好的保鲜作用。被膜剂用于冷冻食品和固体粉状食品，可防止其表面潮湿而避免因此产生的产品质量下降。如果在被膜剂中加入一些防腐剂、抗氧化剂和乳化剂等，还可以制成复合型的保鲜被膜剂。

（12）抗结剂

抗结剂是添加于颗粒、粉末状食品中，防止颗粒或粉末状食品聚集结块、保持其松散或自由流动的物质。我国允许使用的有亚铁氰化钾、磷酸三钙、二氧化硅、微晶纤维素 4 种。

① 亚铁氰化钾：为浅黄色单斜晶颗粒或结晶性粉末，在空气中稳定。因其氰根与铁结合牢固，故属低毒性。可溶于水，水溶液遇光则分解为氢氧化铁。其仅在某些国家中许可用作食盐的抗结剂，配制成 0.25 ~ 0.5 g/100 mL 的水溶液，喷入 100 kg 食盐中，最大使用量为 0.01 g/kg（以亚铁氰根计）。

② 磷酸三钙：为白色粉末，无臭，无味，在空气中稳定，可用作抗结剂、水分保持剂、酸度调节剂、稳定剂、营养强化剂。作为抗结剂可用于葡萄糖粉、蔗糖粉，最大用量为 15 g/kg；用于奶粉、奶油粉，最大用量为 5 g/kg。

③ 二氧化硅：食品用的二氧化硅是无定形物质，依制法不同分胶体硅和湿法硅两种。胶体硅为白色、蓬松、无砂的精细粉末。湿法硅为白色、蓬松粉末或白色微孔珠或颗粒。二氧化硅吸湿或易从空气中吸收水分，无臭，无味，不溶于水酸和有机溶剂。作为抗结剂可用于蛋粉、奶粉、可可粉、可可脂、糖粉、植脂性粉末、速溶咖啡、粉状汤料等。

④ 微晶纤维素：为白色的粉末，无臭，无味，可压成自身黏合的小片，并可在水中迅速分散。不溶于水、稀酸、稀碱溶液和大多数有机溶剂。可用作抗结剂、乳化剂、分散剂、黏合剂以及用于特殊营养食品（低热量、低脂肪食品）等。例如，微晶纤维素添加到冰激凌中可增强乳化作用，防止冰碴形成，改善口感。

（13）增味剂

食品增味剂是指为补充、增强、改进食品中的原有口味或滋味的物质，也称风味增强剂或鲜味剂。一些食品添加增味剂后，呈现鲜美滋味，可增加食欲和丰富营养。食品增味剂不影响酸、甜、苦、咸等 4 种基本味和其他呈味物质的味觉刺激，而是增强其各自的风味特征，从而改进食品的可口性。

按化学性质不同，食品增味剂可分为氨基酸系列、核苷酸系列 2 种。氨基酸系列包括：L－天门冬氨酸钠、L－谷氨酸、L－谷氨酰胺、L－谷氨酸钙、甘氨酸等。核苷酸系列包括：5'－鸟苷酸二钠、肌苷酸二钠等。核苷酸系列的增味剂广泛地存在于各种食品中，不需要特殊规定。

谷氨酸钠，又名味精，是我国普通家庭中最常使用的一种调味料，易溶于水，能给植物源性食物增添鲜味，给肉制品增添香味。在汤、菜中放入少许味精，会使其味道更鲜美。谷氨酸钠在100 ℃时就会被分解破坏，因此，做汤、烧菜时放味精，能够使味精分解，大部分谷氨酸钠变成焦谷氨酸钠。这样不但丧失了味精的鲜味，而且所分解出的焦谷氨酸钠还有一定的毒性。所以不要将味精与汤、菜放在一起长时间煎煮，必须在汤、菜做好之后再放。碱性食品不宜使用味精，因为碱会使味精发生化学变化，产生一种具有不良气味的谷氨酸二钠，失去调味作用。

（14）酶制剂

酶制剂指从生物（包括动物、植物、微生物）中提取的具有生物催化能力的物质，主要是用于加快加工过程和提高产品质量。其特点是催化的活性高、反应条件温和、有特异性、使用量少、环保等。

食品酶制剂种类较多，主要有淀粉酶、蛋白酶、过氧化氢酶和纤维素酶等。已批准使用于食品工业的酶制剂有α－淀粉酶、糖化酶、固定化葡萄糖异构酶、木瓜蛋白酶、果胶酶、β－葡聚糖酶、葡萄糖氧化酶、α－乙酰乳酸脱羧酶等。淀粉酶主要用于面包生产中的面团改良、婴幼儿食品中的谷类原料的预处理、啤酒制造中的糖化和淀粉分解、果汁加工中的淀粉分解，以及蔬菜、糖浆、饴糖、葡萄糖、粉状糊精等食品的加工制造。蛋白酶主要用于水解蛋白，如肉类软化、烘烤制品、干酪制造等。近年来，酶制剂开发应用的领域还在不断拓展。酶制剂来源于生物，一般来说较为安全，可按生产需要适量使用。

（15）水分保持剂

水分保持剂指在食品加工过程中，加入后可以提高产品的稳定性，保持食品内部持水性，改善食品的形态、风味、色泽等的一类物质。

磷酸盐，如磷酸氢二钠、六偏磷酸钠、三聚磷酸钠、焦磷酸钠、磷酸二氢钠、磷酸二氢钙等是一类具有多种功能的食品添加剂，被广泛用于食品加工。例如，放在肉类制品中能保持肉的持水性，保留肉中的可溶性蛋白，从而增加肉的柔嫩性。磷酸盐除具有持水作用外，还有其他作用，如防止啤酒、饮料混浊；用于鸡蛋外壳的清洗，防止鸡蛋因清洗而变质；在蒸煮果蔬

时，用以稳定果蔬中的天然色素；改良面制品，改善大豆蛋白和淀粉的功能特性；用作食品的营养强化剂等。

（16）营养强化剂

营养强化剂是指为增强营养成分而加入食品中的天然的或者人工合成的属于天然营养素范围的食品添加剂。

食品强化剂主要包括矿物质、维生素、氨基酸三类。此外也包括用于营养强化的天然食品及其制品，如大豆蛋白、骨粉、鱼粉、麦麸等。矿物质类，如钙、铁、锌、硒、镁、钾、钠、铜等；维生素类，如维生素 A、维生素 D、维生素 E、维生素 C、B 族维生素、生物素等；氨基酸类，如牛磺酸、赖氨酸等；其他营养素类，如二十二碳六烯酸（DHA）、膳食纤维素、卵磷脂等。

在食品中添加食品营养强化剂，不仅可以弥补天然食品的营养缺陷，而且可以改善食品中的营养成分及其比例，以满足人们对营养的需要。另外，利用食品营养强化剂可以特别补充某些营养物质，达到特殊饮食和健康的目的。有些营养强化剂还兼有提高食品的感官质量和保藏性能的作用。

对于某些特殊人群，营养强化剂是必需的，有些婴儿需要吃配方奶粉，就必须加入多种营养强化剂，配合乳清蛋白等其他成分，以最大程度地满足婴儿营养需求，使宝宝健康成长。另外，中国人的膳食铁摄入量常常不足，尤其是孕产妇和发育中的青少年，缺铁现象比较普遍，可以适当吃一些铁强化酱油。还有常见的钙强化食品，比如高钙饼干、高钙牛奶、高钙麦片等，可以帮助补充钙，有利于牙齿和骨骼健康。当然，营养强化剂并不是越多越好，所以相关国家标准对强化量的上限和下限都做出了规定。

第 9 章

食品中的化学性污染物

食品中除食品营养成分和在食品加工过程中人为加入的食品添加剂之外，在食品原材料种植、养殖、加工、储存、运输、销售、烹饪直至端上餐桌的整个过程中，还不可避免地混入一些化学性污染物，如在农作物种植过程中施用农药引起的农药残留，在动物饲养和水产品养殖中使用兽药而引起的兽药残留，在污染严重的土壤中种植农作物或用污染严重的水浇灌农作物而引起的环境污染物严重超标，以及食品加工过程中从工具、容器、包装材料及涂料上溶入食品中的有毒原料材质、单体及助剂，还有在食品加工储存中产生的物质等。

食品中化学污染物来源广、种类多、易蓄积。消费者摄入的被污染的食物，通过生物富集作用对人体健康产生损害。由食品污染引发的食品安全问题越来越多地受到民众的关注。食品中常见的化学性污染物有农药、兽药、重金属、N－亚硝基化合物、多环芳烃、二噁英等。

1．农药

农药是消灭植物病虫害的有效药物，在农牧业的增产、保收和保存，以及人类传染病的预防和控制等方面都起很大的作用。使用农药有利于减少农作物的损失、提高产量，提高农业生产的经济效益，增加食物供应等。估计每年因使用农药而挽回的损失相当于农业总产值的15%～30%。我国是一个人口众多、耕地紧张的国家，粮食增产和农民增收始终是农业生产的主要目标，而使用农药控制病虫草害从而减少粮食减产是必要的技术措施。现代农业需要使用农药进行除草、控株高、脱叶、坐果等工作，以利于机械化操作。为了保障粮食的安全供给，需要继续大力发展农业生产，同时现代农业的发展也越来越依赖农药的使用。但农药的过度使用，一方面会使农作物中残留少量农药，对消费者的身体健康造成损害；另一方面会对环境造成严重

污染，使环境质量恶化，物种多样性减少，生态平衡被破坏。

（1）定义

农药广义的定义是指用于预防、消灭或者控制危害农业、林业的病、虫、草和其他有害生物，以及有目的地调节、控制、影响植物和有害生物代谢、生长、发育、繁殖过程的化学合成或者来源于生物、其他天然产物及应用生物技术产生的一种物质或者几种物质的混合物及其制剂。狭义上是指在农业生产中，为保障、促进植物和农作物的成长所施用的杀虫、杀菌、杀灭有害动物（或杂草）的一类药物统称。特指在农业上用于防治病虫以及调节植物生长、除草等的药剂。

（2）分类

农药品种很多，按用途主要可分为杀虫剂、杀螨剂、杀鼠剂、杀线虫剂、杀软体动物剂、杀菌剂、除草剂、植物生长调节剂等；按原料来源可分为矿物源农药（无机农药）、生物源农药（天然有机物、微生物、抗生素等）及化学合成农药；按化学结构分，主要有有机氯、有机磷、有机氮、有机硫、氨基甲酸酯、拟除虫菊酯、酰胺类化合物、脲类化合物、醚类化合物、酚类化合物、苯氧羧酸类、脒类、三唑类、杂环类、苯甲酸类、有机金属化合物类等，它们都是有机合成农药，应用广泛；根据加工剂型可分为粉剂、可湿性粉剂、乳剂、乳油、乳膏、糊剂、胶体剂、熏蒸剂、熏烟剂、烟雾剂、颗粒剂、微粒剂及油剂等。

（3）常见的有机合成农药

① 有机氯农药。有机氯农药是指含有有机氯元素的有机化合物。主要分为以苯为原料和以环戊二烯为原料两大类。前者包括使用最早、应用最广的杀虫剂DDT和六六六，以及杀螨剂三氯杀螨砜、三氯杀螨醇等，杀菌剂五氯硝基苯、百菌清、道丰宁等；后者包括作为杀虫剂的氯丹、七氯、艾氏剂等。此外以松节油为原料的莰烯类杀虫剂、毒杀芬和以萜烯为原料的冰片基氯也属于有机氯农药。

有机氯农药是最早研究和应用的农药之一，主要通过破坏害虫神经系统来达到杀虫目的，具有作用快、持效时间长、毒力强且不易产生抗药性等特点。另外，有机氯农药还可以起到杀菌作用，也可以用于控制某些病害和杂草。

有机氯农药化学性质稳定，在环境中残留时间长，短期内不易分解，易溶于脂肪中，并在脂肪中蓄积，是造成环境污染的最主要的农药之一。环境中的残留农药会通过生物富集和食物链作用进入人体，能在肝、肾、心脏等组织中蓄积。蓄积的残留农药也能通过母乳排出，或转入卵蛋等组织，影响后代。由于有机氯农药的高毒性及其对环境的严重破坏，我国于20世纪60年代已开始禁止将DDT、六六六用于蔬菜、茶叶、烟草等作物上。1983年有机氯农药已全面停产。目前大多数有机氯农药都被禁止使用，但在某些特定情况下（如毒杀白蚁）仍有使用。

有机氯农药对人的急性毒性主要是刺激神经中枢，慢性中毒表现为食欲缺乏，体重减轻，有时也可产生小脑失调、造血器官障碍等；也可影响体内酶的活性，引起代谢紊乱，干扰内分泌功能，减弱白细胞的吞噬功能与阻碍抗体的形成，损害生殖系统，使胚胎发育受阻，导致孕妇流产、早产。人中毒后有四肢无力、四肢酸痛、头痛、头晕、呕吐、腹痛、抽搐、麻痹、呼吸困难、心动过速等症状；重度中毒者除上述症状明显加重外，尚有高热、多汗、肌肉收缩、昏迷等症状，甚至死亡。

② 有机磷农药。有机磷农药是指含磷元素的有机化合物农药，主要用于防治植物病、虫、草害，多为油状液体，有大蒜味，挥发性强，难溶于水，易溶于有机溶剂，化学性质不稳定，在碱性条件下易分解失效。有机磷农药在自然界中容易分解，残留期不长，在生物体内不易蓄积。市场上销售的有机磷农药主要有乳化剂、可湿性粉剂、颗粒剂和粉剂四大剂型。近几年来混合剂和复配剂已逐渐增多。

有机磷农药大多数品种为有机磷酸酯类或硫代磷酸酯类化合物，主要用作杀虫剂或杀菌剂，也有些用作杀鼠剂、除草剂、脱叶剂或植物生长调节剂等，使用广泛。有机磷杀虫剂多具有毒力大、杀虫谱广的特点，但用药量小，易于分解，残留期较短。其杀虫方式有触杀、胃毒、熏杀及内吸等。

在农药生产及使用中，药液可污染皮肤，或以蒸气、雾、粉尘形态经呼吸道吸入。喷药后未洗手即取食或误食喷药不久的粮食、蔬菜和拌过药的种粮，以及使用装药容器盛放食物等，均可使药经消化道进入而引起中毒。

有机磷类农药为神经毒，主要是能抑制乙酰胆碱酯酶的活性，使乙酰胆碱积聚，引起毒蕈碱样症状、烟碱样症状以及中枢神经系统症状，如出汗、震颤、精神错乱、语言失常，严重时可使人因肺水肿、脑水肿、呼吸麻痹而死亡。有机磷农药对人体的危害以急性毒性为主，多发生于大剂量或反复接触之后。重度急性中毒者还会发生迟发性猝死。某些种类的有机磷中毒可在中毒后8～14天发生迟发性神经病，表现为神经系统、血液系统和视觉损

伤，血胆碱酯酶活性降低。

有机磷农药种类很多，根据其毒性强弱分为高毒、中毒、低毒三类。高毒有机磷有对硫磷（1605）、内吸磷（1059）、甲拌磷（3911）、乙拌磷、硫特普、磷胺等；中毒有机磷有甲基对硫磷（甲基1065）、杀螟松、倍硫磷、敌敌畏、甲基内吸磷等；低毒有机磷有敌百虫、乐果、马拉硫磷、二溴磷、杀螟松（杀螟硫磷）、双硫磷等。高毒有机磷农药少量接触即可中毒，低毒有机磷大量进入体内亦可发生危害。人体对有机磷的中毒量、致死量差异很大，有机磷由消化道进入较一般浓度由呼吸道吸入有机磷或皮肤吸收有机磷中毒症状重、发病急；但如吸入大量或浓度过高的有机磷农药，可在5分钟内发病，迅速死亡。

预防有机磷农药中毒，最重要的是采用高效低毒农药代替高毒农药，做好安全评估，制订和贯彻、执行预防措施。

③ 拟除虫菊酯类农药。拟除虫菊酯类农药是一种模拟天然除虫菊素并由人工合成的杀虫剂，有效成分是天然菊素，多不溶于水或难溶于水，可溶于多种有机溶剂，对光热和酸稳定，遇碱（$pH>8$）时易分解。它的主要特点是高效、广谱、低毒和可生物降解等，在农业害虫防治中发挥着重要作用，是继有机氯、有机磷农药后兴起的一类新型广谱杀虫剂，被广泛用于粮食、蔬菜和果树等多种作物病虫害防治方面。这类农药具有较强的触杀和胃毒作用，对昆虫具有强烈的触杀作用，但昆虫对此类农药容易产生抗药性；有些品种兼具胃毒或熏蒸作用，但都没有内吸作用。

拟除虫菊酯类农药的品种繁多，包括溴氯菊酯、溴氟菊酯、氯氰菊酯、联苯菊酯等。这些农药的毒性各不相同，其中一些品种如溴氟菊酯的毒性非常低，而氯氰菊酯和联苯菊酯则具有中等毒性，对皮肤有刺激和致敏作用，对胆碱酯酶无抑制作用。

急性中毒主要体现为神经系统症状，包括头痛、头晕、乏力等，严重者可能出现流涎、多汗、意识障碍、言语不清、反应迟钝、视物模糊、共济失调、肌肉震颤、痉挛、呼吸困难等症状。其毒作用机制是通过干扰神经细胞膜钠离子通道功能，使神经传导受阻。

虽然拟除虫菊酯类农药的用量小、使用浓度低，对人畜较为安全，但其残留物仍可能对人体和环境造成危害。这类农药会在蔬菜等食物内富集，通过食物链进入人体，对人体免疫系统、甲状腺甚至胎儿等造成危害。此外，大量的使用还会对水体及土壤造成污染。

④ 氨基甲酸酯类农药。氨基甲酸酯类农药是针对有机氯和有机磷农药的缺点而开发出的一种新型广谱合成农药，其毒性较有机磷酸酯类低，一般无特殊气味，在酸性环境下稳定，遇碱分解，暴露在空气和阳光下易分解，在土壤中的半衰期为数天至数周。氨基甲酸酯类农药具有选择性强、高效、广谱、对人畜低毒、易分解和残毒少的特点，在农业、林业和牧业等方面得到了广泛的应用。氨基甲酸酯类农药已有1000多种，其使用量已超过有机磷农药，销售额仅次于拟除虫菊酯类农药位居第二。氨基甲酸酯类农药使用量较大的有速灭威、西维因、涕灭威、克百威、叶蝉散和抗蚜威等。

根据氨基甲酸酯分子通式上取代基的不同，在农业上使用的氨基甲酸酯类农药可分为两大类：一类为N－烷基的化合物，主要用作杀虫剂，如西维因、杀灭威、速灭威、叶蝉散等；另一类为N－芳香基的化合物，主要用作除草剂，如敌草隆、灭草隆、敌稗等。

氨基甲酸酯类农药的毒性机制和有机磷类农药相似，主要是抑制胆碱酯酶活性，使酶活性中心丝氨酸的羟基被氨基甲酰化，因而失去对乙酰胆碱的水解能力，造成组织内乙酰胆碱的蓄积而中毒。氨基甲酸酯类农药不需经代谢活化，即可直接与胆碱酯酶形成疏松的复合体。由于氨基甲酸酯类农药与胆碱酯酶结合是可逆的，且在机体内很快被水解，胆碱酯酶活性较易恢复，没有迟发性神经毒性，故其毒性作用较有机磷农药中毒轻，但氨基甲酸酯类农药在弱酸性条件下（胃内或食物中）可与亚硝酸盐反应生成亚硝胺，可能具有潜在的致癌、致畸、致突变作用。

急性氨基甲酸酯类农药中毒临床表现与有机磷酸酯类农药中毒相似，但氨基甲酸酯类农药中毒具有潜伏期短、恢复快、病情相对较轻等特点。急性中毒一般在接触农药2～4小时发病，最快半小时，口服中毒多在10分钟至半小时发病。轻度中毒表现毒蕈碱样症状与轻中毒神经系统障碍，如头昏、眩晕、恶心、呕吐、头痛、流涎、瞳孔缩小等。有些患者会伴有肌肉震颤等烟碱样表现。重度中毒多为口服患者。除上述症状外，可出现昏迷、脑水肿、肺水肿以及呼吸抑制。

（4）农药残留

农药残留是指农药使用后残存于生物体、农产品（或食品）及环境中的微量农药，除农药本身外，也包括农药的有毒代谢物和杂质，是农药及其他相关物质的总称。残存的农药残留数量称为残留量，以每千克样本中有多少毫克（mg/kg）表示。

农业生产过程中常常发生病虫、草害危害，因此，需要用农药进行防治。施用于作物上的农药，其中一部分附着于作物上，一部分散落在土壤、大气和水等环境中，环境中残存的农药一部分又会被植物吸收。残留农药直接通过植物或水、大气到达人、畜体内，或通过环境、食物链最终传递给人、畜。几乎所有施用过农药的农产品都可能含有农药残留，农药残留是施药后的必然现象。减少农药残留，确保农产品安全是各国共同追求的目标。

在实际生产中，由于农药使用技术等限制，农药实际使用率只有30%，大部分农药流失到环境中，植物上的农药残留主要保留在作物表面，具有内吸性的农药部分会被吸收到植物体内。植物上的农药经过风吹雨打、自然降解和生物降解，在收获时，农药残留量是很少的。为了确保农产品的安全，许多国家都制定了严格的农药残留标准，将农产品中农药残留量控制在安全范围之内。

（5）农药残留标准

农药残留标准包括农药残留限量标准（最大残留限量）、农药残留检测方法标准等，与消费者直接关系最大的是食品或食用农产品中的农药残留限量标准。我国与欧美、日本、澳大利亚等国家一样，采用国际上通用的风险评估技术和方法，以考虑最大可能的风险为原则，制定农药残留限量国家标准。制定残留标准时，以最大可能的风险为基础，也就是执行最严格的安全要求。在此基础上，还要增加至少100倍的安全系数，即若食品中某农药残留量为50 mg/kg时，可能会出现安全风险，那么将标准定为0.5 mg/kg。我国2021年发布了最新版的《食品安全国家标准 食品中农药最大残留限量》（GB 2763—2021），已于2021年9月6日正式实施。

（6）农产品中的农药残留及安全性

一般有机农产品、绿色食品和无公害农产品，因为对所用的农药以及使用方法都有严格的规定，农药残留相对较少，超标的情况少，相对比较安全。小麦、水稻和玉米等粮食作物，由于生长期长，储存期也长，大部分农药残留会降解掉，而且又要经过加工和烹饪，残留会进一步去除和降解，相对比较安全。蔬菜和水果由于大部分是鲜食的，农药残留降解少，因此国家对蔬菜和水果使用的农药管理较严，除禁止使用高毒农药外，对允许使用的农药严格规定使用技术和安全间隔期，正常的生产不会出现安全问题。一些连续采收的鲜食蔬菜和水果，残留风险可能相对大一些。农产品都有农药残留，由于各国对农药及其残留都进行了严格的管理，因此，符合农药残留标准的农产品是安全的。对于农产品的残留和安全性，我们应当正确认识。要增强安全意识，但也不必谈“药”色变。农药残留的量是非常少的，其危害远小于一些环境和空气中的污染物和病原微生物。

为确保农产品安全，我国对农药安全性进行严格管理，农药登记需要进行两年，18 项急性、亚慢性和慢性等安全试验，绝不批准存在致癌、致畸等安全隐患的产品登记。我国还对高毒农药采取了最严格的管理，先后禁止淘汰了 33 种高毒农药，其中包括甲胺磷等在一些发达国家仍在广泛使用的产品，同时大力发展生物农药。目前我国高毒农药的比例已由原来的 30% 减少到了不足 2%，而 72% 以上的农药是低毒产品，农药安全性已大幅提高。我国也在全力推进农药减量增效，促进农业绿色发展，农药的安全性越来越高，并且随着科技的进步，各种仿生农药、绿色农药得以开发和应用，进一步降低了农药残留带来的安全风险。

（7）农产品中农药残留的减少或去除

农产品中的农药残留可以通过一些方法加以减少或者去除，常用的简单方法包括放置、洗涤、烹饪和去皮等。一是放置。因为农药残留会随着时间的延续不断地降解，一些耐储藏的土豆、白菜等，购买后可以放几天，一方面可以使农产品继续熟化；另一方面农药会降解，使残留减少。二是洗涤。残存于农产品表面或外部的农药也较易被水或洗洁精冲洗掉，因此，在烹饪前将蔬菜用水泡半个小时，再适当加洗洁精冲洗，基本可去除表面的农药残留。三是烹调。高温一般可以使农药残留更快地降解。四是去皮。苹果、梨、柑橘等农产品表皮上的农药残留一般都要高于内部组织，因此，削皮、剥皮是一个很好的去除农药残留的方法。

2. 兽药

家畜、家禽及水产品是人类重要的动物源性食物资源，兽药在畜牧业和水产养殖业中扮演着重要的角色，是保障动物健康和食品安全的重要手段，对于促进畜牧业及水产养殖业的发展具有重要意义。但是，在使用兽药时也必须注意安全性和合理性。合理使用兽药，需要遵循规定的用药量和严格遵守行业规范。同时，还应重视兽药残留问题，严格掌控兽药使用后动物肉、蛋、奶、鱼等产品的残留量，保护消费者的身体健康。

（1）兽药的定义和分类

兽药是用于治疗、预防、诊断动物疾病以及促进动物生长繁殖和提高生产性能的物质。按动物的种类可分为畜药、禽药、水产药、蜂药、蚕药、宠

物药等；按兽药的作用和特点可分为血清制品、疫苗、诊断制品、中草药、中成药、化学药品、抗生素、外用杀虫剂、消毒剂等；按兽药的作用区域和作用对象可分为消化系统药物、呼吸系统药物、循环系统药物、泌尿系统药物、生殖系统药物、参与代谢的药物、作用于皮肤的药物（外用药）、抗菌药物、抗病毒药物、抗寄生虫药物、解毒药物等。

（2）兽药的作用

兽药在治疗和预防动物疾病、促进动物生长、提高饲料转化率、控制生殖周期和繁殖功能以及改善饲料的适口性和动物源性食物对人的口味等方面起着重要的作用。兽药的作用主要包括以下几个方面。

① 预防和治疗传染病。动物容易感染各种病原体，导致传染病的发生。在畜牧业中，兽药被广泛应用于预防和治疗传染病，如猪瘟、禽流感、口蹄疫等。兽药可以通过提高动物的免疫力，减轻病毒或细菌对动物的伤害，减少传染病的发生和传播。

② 控制寄生虫。寄生虫是动物生产中常见的问题，特别是在畜牧业中。兽药可以用于控制和预防寄生虫的感染，如胃肠道寄生虫、血液寄生虫。这些药物可以杀死或抑制寄生虫的生长和繁殖，减少对动物的伤害，提高动物的生产性能。

③ 促进生长和增重。农业生产中，提高动物的生长速度和增重率是非常重要的。兽药可以被用来促进动物的生长和增重，如饲料添加剂、生长激素等。这些药物可以通过调节动物的代谢和内分泌系统，提高动物的食欲和食物的转化效率，促进动物的生长和体重增加。

④ 改善饲料消化吸收。动物的饲料消化吸收效率对于其生产性能非常重要。兽药可以被用来改善动物的饲料消化吸收，如消化酶制剂、益生菌等。这些药物可以增加饲料中的消化酶活性，促进食物的消化和吸收，提高动物的生产性能。

⑤ 预防和治疗非传染性疾病。除了传染病，动物还容易患上一些非传染性疾病，如消化系统疾病、呼吸系统疾病、泌尿系统疾病等。兽药，如抗生素、消炎药等，可以被用来预防和治疗这些疾病。这些药物可以抑制病原菌的生长和繁殖，减轻疾病对动物的伤害。

⑥ 保护和改善动物生殖健康状况。动物的生殖健康对于畜牧业生产是非常重要的。兽药，如生殖激素、生殖调节剂等，可以被用来保护和改善动物的生殖健康状况。这些药物可以调节动物的生殖功能，提高繁殖成功率，

增加妊娠率和胚胎发育率。

⑦ 病理诊断和药物检测。在动物疾病的诊断过程中，常常需要进行病理诊断和药物检测。兽药可以被用来进行病理诊断，如组织切片检查、病原体检测等。同时，兽药还可以被用来进行药物检测，如药物残留检测、抗药性检测等，以确保畜产品的质量和安全性。

（3）兽药的特点

兽药主要有以下几个特点。

① 兽药的包装、用药剂量、投药途径与方法，都是根据动物本身的特点制定的。例如，兽药的包装规格比较大，有的兽药剂型可以通过饲料给药。

② 兽药的使用对象有严格的界限。比如，反刍动物对某些麻醉药比较敏感，牛对汞制剂耐受性很低，呋喃类药物易引起禽类中毒，对草食动物使用抗生素易引起消化机能失常。

③ 兽药在动物体内排出速度较快。

④ 兽药不能供人使用。兽药的配方、生产工艺、质量检验、用法与用量都是根据动物的特点设计的，不适用于人。如果用于人，就会造成不良后果。

（4）兽药残留

兽药残留是“兽药在动物源性食品中的残留”的简称。根据兽药残留联合立法委员会的定义，兽药残留是指动物产品的任何可食部分所含兽药的母体化合物及其代谢物，以及与兽药有关的杂质。所以，兽药残留包括原药、药物在动物体内的代谢产物及兽药生产中所伴生的杂质。

（5）兽药残留标准

国际上兽药残留安全限量标准以国际食品法典委员会（CAC）制定的标准为主要依据。我国兽药残留限量标准主要参考 CAC，少量参考美国和欧盟。对于批准作为兽药使用的抗菌药，我国有严格的规定。在批准使用前都要履行严格的审批手续，必须完成相关的药学、安全性和药效试验，并经过严格的评价和审查后方会被批准生产、使用。我国还规定兽用抗生素在使用过程中必须遵守规范。规范使用是指使用的兽用抗生素产品必须是经国家兽医行政管理部门批准的，并严格按产品标签和说明书使用，涉及使用动物对象、适应证、用法和用量、休药期等。只要规范使用兽用抗生素，动物产品是不会出现抗生素残留超标情况的。

2019年10月，农业农村部与国家卫生健康委员会、国家市场监督管理总局联合发布了《食品安全国家标准 食品中兽药最大残留限量》（GB 31650—2019），并于2020年4月1日实施。此次发布的食品中兽药最大残留限量标准规定了267种（类）兽药在畜禽产品、水产品、蜂产品中的2191项残留限量及使用要求，基本覆盖了我国常用兽药品种和主要食品动物及组织。

自1999年开始，农业部每年组织实施动物及动物产品兽药残留监控，年均抽检动物产品1.4万余批，检测包括肉、蛋、奶等9种动物组织样品，检测的兽药共计24种（类）。检测结果显示，我国的畜禽产品兽药残留合格率连续多年保持在较高水平，绝大部分还是合格的。

（6）兽药残留产生的原因

养殖环节用药不当是产生兽药残留的最主要原因。产生兽药残留的主要原因通常有以下几个方面。

① 不合理用药。有些饲养者缺少兽药的专业知识，不了解药物特点，随意改变剂量，随意延长疗程，从而导致了严重的药物残留。

② 使用违禁或淘汰药物。有些药物容易残留在动物源性食物中，而且残留期长、对人体危害大，因而我国规定禁止用于食用动物。但有些饲养者为了私利，将其作为饲料添加剂长期使用，而造成残留，如使用β-兴奋剂（如瘦肉精）、类固醇激素（如己烯雌酚）、镇静剂（如氯丙嗪）等违禁药品。

③ 不遵守休药期规定。休药期是指畜禽停止给药到许可屠宰或它们的产品（奶、蛋）许可上市的间隔时期。休药期规定不是为了维护动物健康，而是为了减少或避免畜产食品中药物的超量残留。我国对现有多种兽药的使用制定了明确的休药期，而有些饲养者使用标有休药期的兽药及含药物添加剂的饲料时，未按规定执行，造成兽药残留量超标。

④ 滥用药物，包括不适当地预防性用药和不正确地治疗性用药。集约化养殖业的发展导致动物的疾病极为复杂，为获得经济利益，有些饲养者应用药物作为抗菌促生长剂，或在疾病诊疗中不合理地联合用药和预防用药，特别是抗生素，造成动物源性食物中的药物残留；在治疗动物疾病时，为了提高疗效，常常大剂量、长时间地不规范用药，也可造成药物残留。目前，在动物养殖中普遍存在任意加大药物用量的情况，甚至有时将治疗量当成添加量长期使用。

（7）兽药残留对人体健康的危害

兽药残留于产品中或排泄到环境中，对人体健康及生态环境均能产生不同程度的危害，产生的危害程度与所残留兽药本身的毒副作用大小及危害时间的长短有很大关系。

① 毒性作用。畜禽产品中兽药残留毒性作用的产生多是由于超量使用或长期摄入积累。若人体长期摄入某种含兽药残留的动物源性食物，会导致药物在体内蓄积并产生相应变化，从而产生毒性作用。一些养殖户为了满足消费者偏爱瘦肉的需求，会在动物饲养过程中违法使用瘦肉精，以提高畜产品的瘦肉率。如果人们大量或持续食入含有瘦肉精的食物，累积到一定程度会对人体的组织和器官产生毒性反应，出现肌肉震颤、心悸、头痛、恶心、呕吐、发热等中毒症状。

② 过敏反应。许多抗菌药物如青霉素、四环素类、磺胺类和氨基糖苷类等会因为药物抗原性的影响导致机体内出现抗生素抗体，进而引起易感机体产生过敏反应。人们食用动物源性食品的过程中，如果不慎长时间摄入某种低量抗菌药物，则发生过敏现象的概率极高，严重者甚至会出现休克和呼吸困难等情况。青霉素类药物具有很强的致敏作用，轻者表现为接触性皮炎和皮肤反应，重者表现为致死的过敏性休克。四环素药物可引起过敏和荨麻疹。磺胺类则会引起皮炎、白细胞减少、溶血性贫血和药物热。

③ 细菌耐药性。兽用抗菌药物在实际生产中主要用于预防和治疗畜禽疫病。当前国内养殖业疫病频繁发生，管理者在生产中往往会频繁或大量使用抗生素，导致畜禽机体内的敏感菌株产生耐药基因，抗生素的治疗效果降低甚至无效，严重的会导致“超级耐药菌”的产生，形成无药可用的不良现象。人类若是经常摄入这类含有药物残留的动物源性食品，同样会诱使人体内产生特定的耐药菌株。当人体发生不适时就会在临床上增加治疗的难度，严重的会导致人用抗生素无效，严重威胁人类和动物的生命健康。

④ 菌群失调。在正常情况下，人体的胃肠道存在大量菌群，在长期的共同进化过程中与人体能相互适应，对人体健康产生有益的作用。如果长期接触有抗微生物药物残留的动物源性食物，这些残留兽药累积到一定量后会在杀灭人体肠道中的致病性微生物的同时，抑制有益菌群的生长，耐药菌或条件性致病菌大量繁殖，造成人体肠道内菌群的平衡失调，导致长期的腹泻或引起维生素的缺乏等反应，损害人类健康。菌群失调还容易造成病原菌的交替感染，使得具有选择性作用的抗生素及其他化学药物失去疗效。

⑤“三致”危害。“三致”危害是指致畸、致癌、致突变。现已研究发现部分兽药或其代谢产物对人体具有“三致”危害，例如，丁苯咪唑、阿苯达唑和芬苯达唑具有致畸作用；雌激素、克球酚、砷制剂、喹恶啉类、硝基呋喃类等已被证明具有致癌作用；喹诺酮类药物的个别品种已在真核细胞内发现有致突变作用；磺胺二甲嘧啶等磺胺类药物在连续给药中能够诱发啮齿动物甲状腺增生，并具有致肿瘤倾向。氨基糖苷类及四环素类药物也同样会造成“三致”危害的发生。这些药物的残留超标，将严重影响人类的健康。

⑥ 激素的副作用。性激素及其类似物主要包括甾类同化激素和非甾类同化激素。20 世纪 70 年代前，许多国家将其作为畜禽促生长剂。长期食用含有低剂量激素的动物源性食物，可对人体产生一系列激素样作用，从而对人体的生长发育产生危害，如潜在的致癌性、发育毒性（儿童性早熟）等。近年来我国常有儿童性早熟的报道，这与养殖业中非法使用性激素作促生长剂致使其残留于动物源性食物中有关。

⑦ 对生态环境的危害。养殖生产过程中过量或长期频繁使用兽药，会增加兽药在畜禽体内的残留量及排泄物中的残留量，有的兽药在畜禽体内不易进行新陈代谢，部分抗生素在一些动物源性食品中不易降解，有的分解代谢后毒性更强。当残留的药物随畜禽粪便、尿液及其他体液等排出后，会使排放地的土壤和水源受到污染，形成严重的环境危害，最终通过食物链危害人类健康。

（8）产生兽药残留的主要兽药

① 抗生素类。这类药物多为天然发酵产物，是临床应用最多的一类抗菌药物。大量、频繁地使用抗生素，可使动物机体中的耐药致病菌很容易感染人类；而且抗生素药物残留可使人体中细菌产生耐药性，扰乱人体微生态而产生各种毒副作用。目前，在畜产品中容易造成残留量超标的抗生素主要有氯霉素、四环素、土霉素、青霉素、金霉素、链霉素等。青霉素类最容易引发超敏反应，四环素类、链霉素有时也能引起超敏反应。氯霉素抗菌效果显著，但毒性较强，长期食用含氯霉素的食品，可能引起肠道菌群失调，导致消化功能紊乱。我国已禁止氯霉素作为兽药在畜牧及水产养殖中使用。氟苯尼考为氯霉素的替代产品，毒性较小，但长期食用氟苯尼考残留超标的食品，对人体健康仍有一定危害。

② 磺胺类药物。这类药物主要用于抗菌消炎，如磺胺嘧啶、磺胺二甲

嘧啶、磺胺脒、菌得清、新诺明等。主要通过注射、口服、创伤外用等用药方式或作为饲料添加剂而残留在动物源性食品中。磺胺类药物价格低廉、使用方便，还可提高饲料的转化率，促进动物生长，因此常以亚治疗剂量作为饲料添加剂使用，以预防动物疾病发生和促进生长。因此磺胺类药物残留超标现象比其他兽药残留都严重。

③ 喹诺酮类药物。这类药物主要有环丙沙星、达氟沙星、恩诺沙星、沙拉沙星、二氟沙星、氧氟沙星、诺氟沙星等，是一类人工合成的人畜通用的抗生素。因其具有抗菌谱广、抗菌活性强、与其他抗菌药物无交叉耐药性和毒副作用小等特点，被广泛应用于畜牧、水产等养殖业中，包括在鸡、鸭、鹅、猪、牛、羊、鱼、虾、蟹等的养殖中用于疾病防治。食用喹诺酮类药物超标的食物，易造成严重耐药性。动物源性食品中喹诺酮类药物残留超标的现象较多，仅次于磺胺类药物。

④ 硝基呋喃类药物。这类药物主要用于抗菌消炎，如呋喃唑酮、呋喃西林、呋喃妥因等。通过食品摄入超量硝基呋喃类药物残留，对人体造成的危害主要体现在胃肠反应和超敏反应方面。

⑤ 抗寄生虫类药物。这类药物主要用于驱虫或杀虫，如苯并咪唑、左旋咪唑、克球酚、吡喹酮等。食用残留有苯并咪唑类药物的动物源性食物，对人主要的潜在危害是致畸和致突变。

⑥ 激素类药物。这类药物作为畜禽及水产品养殖中的生长促进剂能加快动物的增重速度，提高饲料的转化利用率，改进酮体品质（瘦肉与脂肪的比例），显著提高养殖业的经济利益。使用于畜禽及水产养殖业的激素有性激素、皮质激素和 β－受体激动剂等。摄入性激素残留超标的动物源性食物，将干扰消费者的激素代谢和生理机能，严重危害人体健康。特别是近年来以盐酸克伦特罗为代表的瘦肉精导致中毒事件的频频发生，控制和禁止激素类药物在养殖业中的使用日显重要。

⑦ 孔雀石绿。孔雀石绿属于三苯甲烷类染料，具有较强的抗菌效果，可用于杀菌、驱虫。在水产养殖中常用以防治水霉病、烂鳃病以及寄生虫病等，也在水产品的运输过程中作为消毒剂以延长鱼类存活期。孔雀石绿在动物体内代谢为无色孔雀石绿，代谢产物分布于血清、肝、肾、皮肤、肌肉和脂肪中。孔雀石绿具有生殖和发育毒性，还可以诱发大鼠甲状腺肿瘤、肝肿瘤和乳腺肿瘤，具有致畸、致癌、致突变的危害风险。2002 年 5 月，农业部将孔雀石绿列入《食品动物禁用的兽药及其他化合物清单》，但由于孔雀石

绿价格较低、消毒效果好，仍有一些淡水养殖者在违法使用。

(9) 控制兽药残留的综合措施

我国的兽药残留监控工作起步较晚，但有关部门已经开始重视动物源性食物中的兽药残留问题，制定了各种监控兽药残留的法规，这是我国对兽药残留监控保证动物源性食物安全的有力措施。但是，兽药残留监控是一项长期而艰巨的工作，需要政府和管理部门的高度重视和广大民众的支持，多种监控措施并用。

① 加快兽药残留的立法，制定相应的法规。尽快制定针对兽药安全使用和违法使用的法规，制定国家动物源性食物安全的法规，以及一系列可操作的配套管理法规，把兽药残留监控纳入法治管理的轨道，使其有法可依，有章可循，同时加大处罚力度，推动和促进兽药残留监控工作的开展。

② 严格规范兽药的安全生产和使用。监督企业依法生产、经营、使用兽药，禁止不明成分以及与所标成分不符的兽药进入市场，加大对违禁兽药的查处力度，一旦发现，严厉打击；严格规定和遵守兽药的使用对象、使用期限、使用剂量和休药期等。加大对饲料生产企业的监控，严禁使用农业农村部规定以外的兽药作为饲料添加剂。

③ 加强饲养管理、改变饲养观念。学习和借鉴国外先进的饲养管理技术，创造良好的饲养环境，增强动物机体的免疫力，实施综合卫生防疫措施，降低畜禽的发病率，减少兽药的使用。同时，充分利用中药制剂、微生物制剂、酶制剂以及多糖等高效、低毒、低残留的制剂来防病、治病，减少兽药残留。

④ 加大宣传力度。充分利用各种媒体，加大宣传力度，使全社会充分认识到兽药残留对人类健康和生态环境的危害，广泛宣传和介绍科学合理使用兽药的知识，全面提高广大养殖户的科学技术水平，使其能自觉地按照规定使用兽药和自觉遵守休药期。

⑤ 加强兽药残留监控、完善兽药残留监控体系。加快国家、部、省三级兽药残留监控机构的建立，实施国家残留监控计划，加大监控力度，严把检验检疫关，严防兽药残留超标的产品进入市场，对超标产品给予销毁并处罚相关责任人，促使畜禽产品由数量型向质量型转换，使兽药残留超标的产品无销路、无市场，迫使广大养殖户科学、合理使用兽药，遵守休药期的规定，从而控制兽药残留。

⑥ 完善兽药残留的检测方法，特别是快速筛选和确认的方法，加大筛

选兽药残留的试剂盒的研究和开发力度。积极开展兽药残留的立法和方法标准化等方面的国际交流与合作。

3．重金属污染

重金属是指比重大于5（密度大于4.5g/cm^3）的金属。重金属本就是自然环境下天然存在的金属物质，广泛存在于自然界中，无论是空气、泥土还是食物、水中都含有微量的重金属，这些微量的重金属并不会对人产生太大的影响。然而随着工业化进程的不断推进，对各种重金属的需要量不断增加，人类对重金属的开采、冶炼、加工及商业制造活动日益增多，造成过量的重金属进入大气、水、土壤中，引起严重的环境污染。

（1）定义

重金属污染是指由铅、镉、汞、铬、铜、镍等重金属元素或其化合物造成的环境污染。采矿、废气排放、污水灌溉和使用重金属超标制品等人为因素导致环境中的重金属含量增加，超出正常范围，直接危害人体健康。重金属以汞毒性最大，镉次之，铅、铬等也有相当毒害。

（2）特点

重金属污染与其他有机化合物的污染不同，不少有机化合物可以通过自然界物理的、化学的或生物的净化，使有害性降低或解除。而重金属元素不能被降解，且具有富集性。在被重金属污染的水体中，重金属可以在藻类和底泥中积累并被鱼类和贝类吸附，产生食物链浓缩，最终进入人体；在被重金属污染的土壤中种植农作物或用重金属污染的水浇灌农作物，均可使农作物中的重金属含量增大，并通过食物链进入人体后在体内富集。重金属积聚在身体的某些器官中，将引起慢性中毒，且毒性随形态而异，危害人体健康，对儿童健康的危害尤其明显。儿童体内的重金属一旦超标，就会出现免疫力低下、注意力不集中、智力下降、身体发育迟缓等症状。

（3）重金属污染的来源

① 重金属污染的主要来源是工业污染，特别是重金属采矿、冶炼、制造等产业所造成的废渣、废水、废气的大量排放，是环境中重金属污染的主要元凶。

② 含有重金属的工业产品的大量使用及机动车尾气的大量排放。

③ 一些农药、化肥中也含有重金属，大量使用农药、化肥以及用含重金属的污水灌溉农田是造成土壤重金属污染的重要因素。

④ 生活垃圾中的干电池、温度计、电器等含有大量的重金属，因此，

生活垃圾也是重金属污染的来源。

（4）常见的重金属污染物

① 汞（Hg）：汞主要来源于仪表厂、食盐电解、贵金属冶炼、化妆品、照明用灯、齿科材料、燃煤等。汞及其化合物属于剧毒物质，可在人体内蓄积。血液中的金属汞进入脑组织后，逐渐在脑组织中积累，达到一定的量时就会对脑组织造成损害，造成四肢麻木、运动失调、视野变窄、听力困难等症状，重者会心力衰竭而死亡。进入水体的无机汞离子可在微生物作用下，转变为毒性更大的甲基汞，由食物链进入人体，引起全身中毒反应。20 世纪 50 年代在日本出现的“水俣病”，就是食用被甲基汞污染的鱼引起的。

② 镉（Cd）：镉主要来源有电镀、采矿、冶炼、燃料、电池和化学工业等排放的废水；另外，废旧电池中镉含量较高。镉的毒性很大，进入体内的镉与血红蛋白结合，一部分与蛋白巯基（－SH）结合，随血液输送到内脏，蓄积在肝脏和肾脏中，导致镉中毒。中毒症状主要为动脉硬化；肾萎缩或慢性球体肾炎；镉会沉积在人体骨骼中，取代骨中钙，阻碍人体对钙的吸收，导致钙离子大量流失，长期摄入微量镉，会使骨骼受到破坏，骨骼严重软化，易骨折；急性中毒可使人呕血、腹痛，最后导致死亡；此外，镉可能有致癌和致畸的作用。植物对镉有很强的富集作用，因而形成含镉粮食，如“镉大米”是我国南方一些地方曾出现过的镉含量超标的大米，导致了食品安全问题。20 世纪 50 年代在日本出现的“骨痛病”，就是长期食用“镉大米”和饮用含镉水引起的。

③ 铅（Pb）：铅主要来源于油漆、涂料、蓄电池、工业冶炼、电镀、化妆品、燃煤、膨化食品、自来水管等。铅可通过皮肤、消化道、呼吸道进入体内，随血液循环流至全身，在人体组织中积蓄，主要分布于肝、肾、脾、胆、脑中，尤以肝、肾中的浓度最高。铅对体内各系统和器官均有危害，尤其是神经系统、循环系统和消化系统。轻度中毒可引起功能性病变，严重中毒者会发生一系列器质性不可逆病变。主要症状表现为贫血、末梢神经炎、运动和感觉异常、头痛、头晕、疲乏、食欲缺乏、便秘、腹痛、失眠等。此外，铅还容易通过母体胎盘侵入胎儿脑组织危害后代，引起婴幼儿多动症和生长迟缓。近年来，我国有一些地方报道过儿童血铅含量超标的事件。

④ 铬（Cr）：铬主要来源于劣质化妆品原料、皮革制剂、金属部件镀铬部分、工业颜料以及鞣革、橡胶和陶瓷原料等。三价铬为人体所需的微量元素，参与胰岛素的糖代谢过程和脂肪代谢过程，是维持胆固醇正常代谢所必

需的。六价铬具有毒性及腐蚀性，可通过消化道、呼吸道、皮肤和黏膜侵入人体，在肝、肾、肺等积聚。对皮肤、黏膜、消化道有刺激和腐蚀性，导致皮炎、皮肤充血、糜烂、溃疡、鼻穿孔，皮肤癌等疾患。

（5）重金属对食品的污染

食品中重金属污染的来源：

① 食品原料中的重金属污染。食品原料中的重金属富集是食品中重金属污染的首要来源。由于环境的污染，如汽车尾气排放、含重金属的有毒农药和兽药违规使用等，导致土壤和水中重金属的含量超标，再经农作物的富集，通过食物链向动物和人体中转移。

② 食品加工制作过程中的重金属污染。食品制作过程中，生产环境条件差和加工器械不洁净等都会引起重金属污染。

③ 包装材料导致的重金属污染。有些劣质包装材料，可能存在重金属溶出污染。

（6）重金属在食品中的限量标准

《食品安全国家标准 食品中污染物限量》（GB 2763—2022）对一些重金属（铅、镉、汞、砷、锡、镍、铬）在食品中的限量作出了明确规定。

4．N－亚硝基化合物

N－亚硝基化合物是一类在自然界中广泛存在的有毒有害物。在已发现的300多种N－亚硝基化合物中，90%以上对动物具有致癌性，可诱发动物产生食管癌、胃癌、肝癌、结肠癌、膀胱癌、肺癌等，至今尚未发现有一种动物对N－亚硝基化合物的致癌作用有抵抗力。N－亚硝基化合物对食品的污染及其对人体健康的危害已成为食品安全重点关注的问题之一。

（1）N－亚硝基化合物的定义、分类及性质

N-亚硝基化合物是具有R1(R2)=N—N=O分子结构通式，并具有强致癌作用的一大类有机化合物，是由含氮（N）的有机胺类物质[R1(R2)=N—H]与亚硝酸（HNO_2）通过缩水反应（胺类物贡献H^+，亚硝酸贡献OH^-）形成的。其中－NO为亚硝基，为HNO_2去掉羟基（－OH）后，剩下的一价原子团；N上除了连有亚硝基（－NO）外，还分别连有两个取代基（R1、R2）。

根据R1、R2的不同，N－亚硝基化合物可分N－亚硝胺（R1和R2为烷基或芳基）和N－亚硝酰胺（R1为烷基或芳基，R2为酰基，如氨基甲酰基、乙氧酰基及硝米基等）两大类。

N－亚硝基化合物多为黄色，低分子的亚硝胺类（如二甲基亚硝胺）在常温下为黄色油状液体，高分子的亚硝胺类多为固体，稍溶于水，易溶于有机溶剂，特别是三氯甲烷。亚硝胺类在中性和碱性环境中较稳定；而亚硝酰胺类的化学性质很活泼，在酸性条件下或碱性溶液中均不稳定。但二者在酸性溶液及紫外线照射下皆可发生分解反应。N－亚硝基化合物主要经消化道进入人体。N－亚硝胺相对稳定，需要在体内代谢成为活性物质才具备致癌性，也被称为前致癌物；而N－亚硝酰胺类不稳定，能够在作用部位直接降解成重氮化合物，并与DNA结合发挥直接致突变性，因此，也将N－亚硝酰胺称为终末致癌物。由于N－亚硝酰胺的化学性质很活泼，因此在自然界中存在的N－亚硝基化合物主要是亚硝胺类。

（2）N－亚硝基化合物的前体物

环境及食物中的N－亚硝基化合物天然含量极微，而N-亚硝基化合物的前体物（有机胺类物质、亚硝酸）却广泛存在于环境和食物中，在适宜条件下可生成N－亚硝基化合物。

① 含氮的有机胺类物质。该类物质主要是胺类，包括伯胺（$R-NH_2$）、仲胺（R_2NH）、叔胺（R_3N）、季胺、酰胺（$RCONH_2$）等。胺类是由蛋白质分解成氨基酸并脱羧而成的，广泛存在于动物源性和植物源性食物中。此外氨基甲酸酯、胍类、肌酸、精素和磷脂等也是前体物。

② 亚硝基化剂。硝酸盐（$NaNO_3$）和亚硝酸盐（$NaNO_2$）是最常见的一类亚硝基化剂。亚硝酸盐和硝酸盐广泛存在于自然环境中，是自然界中最普遍的含氮化合物。植物在生长过程中合成必要的植物蛋白质，就要吸收硝酸盐作为其营养成分；蔬菜吸收的硝酸盐由于植物酶作用在植物体内还原为氮，并与经过光合作用合成的有机酸生成氨基酸和核酸而构成植物体。当光合作用不充分时，植物体内就积蓄多余的硝酸盐。一般蔬菜中的硝酸盐含量较高，而亚硝酸盐含量较低，但腌制不充分的蔬菜和不新鲜的蔬菜中含有较多的亚硝酸盐（其中的硝酸盐在细菌作用下，转变成亚硝酸盐）。亚硝酸盐和硝酸盐也可通过人为的添加而进入食品，如作为防腐剂和护色剂被用于保藏肉类、鱼和干酪。

（3）N－亚硝基化合物的生成

N－亚硝基化合物在自然界中的本底浓度很低，但其前体物（如亚硝酸盐、硝酸盐和仲胺等）普遍存在于土壤、水中，以及鱼类、谷类、绿色蔬菜等食物中。N－亚硝基化合物在食品、环境中，及动物体内、人体内，皆可由其前体物质合成。

食品中含有丰富的蛋白质、脂肪以及人体必需的氨基酸，这些营养物质在腌制、烘焙、油煎、油炸等加工过程中，均可生成一定量 N－亚硝基化合物的前体物，产生一定数量的 N－亚硝基类化合物。一些植物源性食物，如萝卜、大白菜、芹菜、菠菜等含有大量硝酸盐，可经酶或细菌作用还原成为亚硝基化合物的前体物，即亚硝酸盐。某些蔬菜和瓜果中含有胺类、硝酸盐和亚硝酸盐，在加工处理、长期储藏过程中也可生成微量的亚硝胺。食物霉变后，亚硝酸盐和仲胺可增高数十到数百倍，进一步促进 N－硝基化合物的合成。

除从食物中直接摄入 N－亚硝基化合物外，食品中的某些营养物质在人体胃液环境中，可生成许多胺类物，它们是 N－亚硝基化合物的前体物。人和动物胃液的 pH 为 1 ~3，并且胃液中含有合成亚硝基化合物的催化剂（硫氰酸盐等），有利于进入体内的亚硝酸盐和仲胺转化为亚硝基化合物。当患有慢性胃炎、萎缩性胃炎时，胃酸下降，胃内细菌（主要是硝酸盐还原酶）繁殖，活性增加，能将硝酸盐还原为亚硝酸盐，促进 N－亚硝基化合物的合成。这可能是慢性胃炎、萎缩性胃炎患者容易发生癌变的重要原因。另外，在口腔或膀胱中，也可以合成一定量的亚硝胺。

因此，出现在人体内的 N－亚硝基类化合物包括人体摄入食品中的外源性 N－亚硝基化合物及人体在一定身体条件下自行合成的内源性 N－亚硝基化合物。

（4）食物中 N－亚硝基化合物的来源

① 水果、蔬菜。水果、蔬菜中含有的硝酸盐来自土壤和肥料。新鲜蔬菜主要含较多的硝酸盐，而储存过久的蔬菜、腐烂蔬菜及放置过久的剩菜中的硝酸盐在硝酸盐还原菌的作用下转化为亚硝酸盐，腌菜、泡菜中也含有较多的亚硝酸盐。蔬菜中出现的 N－亚硝基化合物主要是二甲基亚硝胺。

② 畜禽肉类及水产品。这类产品含有丰富的蛋白质，在烘烤、腌制、油炸等加工过程中蛋白质会分解产生胺类，肉中的胺类随其新鲜度、加工过程和储存而变化，无论是晒干、烟熏还是装罐，均会使其含量增高，尤其当这些食品腐败变质时，仲胺等可大量增加。腌制食品、熏制的鱼和肉、油煎的咸肉等食物中出现的 N－亚硝基化合物主要是吡咯烷亚硝胺和二甲基亚硝胺。

③ 啤酒。传统工艺生产的啤酒含有二甲基亚硝胺，来源于直火烘烤大

麦芽。改进工艺后已检测不出啤酒中含有亚硝基化合物。

（5）预防和控制措施

预防N－亚硝基化合物对人体健康的危害，可以从多方面着手。根据食品中N－亚硝基类化合物的来源，可以从源头上对食品中的亚硝酸盐和硝酸盐进行控制，也可以采用阻断的方式减少食品加工过程中产生的N－亚硝基类化合物。另外，制定食品中N－亚硝基类化合物的限量标准规范，严格控制工业排放、科学施肥等措施也是有效控制食品中N－亚硝基类化合物产生的合理途径。

① 科学合理施肥。在蔬菜种植过程中，不施或少施硝酸铵和其他的硝态氮肥，宜用钼肥、有机肥、微生物肥、腐殖酸类肥料等，筛选适于蔬菜施用的低累积亚硝酸盐氮肥也可有效降低蔬菜中硝酸盐的含量；另外，氮肥与磷肥、钾肥配合施用可以促进蛋白质和重要含氮化合物的合成，减少硝酸盐的积累，控制和降低蔬菜中亚硝酸盐的含量。

② 阻断食品中N－亚硝基化合物的合成。利用与寻找一些阻断剂，阻止天然食品中胺类与亚硝酸盐反应而减少亚硝胺的合成。例如，在食品加工过程中加入维生素C、维生素E、酚类、没食子酸及某些还原物质，具有抑制和减少亚硝胺合成的作用，而且对亚硝酸盐的发色和抗菌作用无影响。目前，世界上许多国家都提倡在肉制品加工过程中加入维生素C。

③ 改进食品加工方式。利用烟液或烟发生器生产的锯屑冷烟取代燃烧木材烟熏制烟熏制品，可消除或降低亚硝胺的合成。在腌制肉类及鱼制品时，所使用的食盐、胡椒、辣椒粉等配料，应分别包装，切勿混合一起。同时，在肉制品加工过程中应尽量少用硝酸盐及亚硝酸盐，尽量使用替代品，并严格控制硝酸盐、亚硝酸盐的残留量。

④ 改善饮食方式。食品中硝酸盐、亚硝酸盐无法根本消除，为了降低亚硝酸盐对人体的伤害，培养科学的食品消费和饮食习惯是必要的方法。

⑤ 制定相应的标准和法规。食品卫生监督部门应从源头抓起，严格监控企业对硝酸盐、亚硝酸盐的使用。我国颁布的《食品安全国家标准 食品添加剂使用卫生标准》（GB 2760—2014）针对不同的食品类型，对硝酸盐、亚硝酸盐的使用作出了明确规定，规定了其最大使用限量。另外，《食品安全国家标准 食品中污染物限量》（GB 2763—2022）规定了硝酸盐、亚硝酸盐、N－二甲基亚硝胺在一些食品中的最大允许使用量。

5. 多环芳烃

多环芳烃（PAHs）是有机化合物不完全燃烧和地球化学过程中产生的一类有毒有害环境污染物，广泛存在于空气、水、土壤等环境中，并通过动植物吸收、食品加工（如烤、炸、熏制）等途径进入食物中。由于具有“三致”效应（致癌、致畸、致突变）及多种毒性作用（生殖毒性、神经毒性、免疫毒性等），多环芳烃已成为当前环境和食品领域重点关注的污染物。

（1）多环芳烃的定义、来源及性质

多环芳烃是指含两个或两个以上苯环的芳烃，主要有两种组合方式，一种是非稠环型，其中包括联苯及联多苯和多苯代脂肪烃；另一种是稠环型，即两个碳原子为两个苯环所共有。含有2~4个苯环的为轻质多环芳烃，含有4个以上苯环的为重质多环芳烃。轻质多环芳烃不稳定，易转化为更稳定、毒性更大的重质多环芳烃。

多环芳烃的来源分为自然源和人为源。自然源主要来自陆地、水生植物和微生物的生物合成过程，另外森林、草原大火及火山喷发也会产生多环芳烃；人为源主要是由各种矿物燃料（如煤、石油和天然气等）、木材、纸以及其他碳氢化合物的不完全燃烧或在还原条件下热解生成的。

多环芳烃在环境中大多数以吸附态和乳化态形式存在，一旦进入环境，便受到各种自然界固有过程的影响，发生变迁。通过复杂的物理迁移、化学及生物转化反应，在大气、水体、土壤、生物体等系统中不断变化，改变分布状况。处在不同状态、不同系统中的多环芳烃则表现出不同的变化行为。

多环芳烃常以淡黄色或绿黄色、白色或无色晶体形式存在，其主要特点是熔点和沸点高，但蒸气压和水溶性低，其中水溶性随着分子质量的增加逐渐降低。随着其环数的增加、化学结构的变化和疏水性的增强，其电化学稳定性、持久性、抗生物降解能力和致癌性会提高，挥发性也会随着其分子量的增加而降低。多环芳烃的颜色、荧光性和溶解性主要与多环芳烃的共轭体系和分子苯环的排列方式有关。

（2）苯并（a）芘（BaP）

在已发现的200多种多环芳烃中，苯并（a）芘，又称3，4-苯并（a）芘，是一种由五个苯环构成的多环芳烃。常温下呈浅黄色晶状固体，熔点179 ℃，沸点312 ℃，难溶于水，易溶于苯、甲苯、丙酮、己烷等有机溶剂，碱性情况下稳定，遇酸易发生化学变化。1933年，英国学者从煤焦油中分离出BaP，并诱发小鼠患皮肤癌，使BaP成为第一个被发现的环境致癌物。

BaP不仅是发现时间最早的一种环境致癌物，而且在所有多环芳烃类物质中毒性最大，且约占全部致癌性多环芳烃的20%，被国际癌症机构列为1类致癌物。因此BaP的含量常被作为环境受多环芳烃污染程度的指标。

（3）食品中多环芳烃的主要来源

食品中含量较大的多环芳烃主要来自食品加工过程和环境污染，如一些食品在加工过程中，采用烟熏、烧烤等方式处理，与燃料燃烧所产生的多环芳烃直接接触而受到污染。食品中脂类也可因受到高温热解或聚合而形成多环芳烃，如脂类在700 ℃时热聚合，每千克可产生1.2～8.88 mg的BaP；在烘烤肉类的过程中，滴在火上的脂肪也能热聚合产生BaP，并附着在烤肉的表面。有关部门曾做过抽样检查，发现烤羊肉串中每千克含BaP的量大大超过WTO规定的标准（1 μg/kg）。鱼、肉、禽类加工前均未检出BaP，加工后BaP的含量以熏制品最高（4.65 μg/kg），其次为煎炸品（0.79 μg/kg）、烧烤品（0.64 μg/kg）、腌制品（0.58 μg/kg），而蒸制品未检出。可见食品中BaP的含量与烹饪加工方法有密切的关系。有些地区的居民喜食烟熏食物，胃癌的发病率比一般地区要高出几倍。食品在加工过程中受到燃油、包装材料的污染（如蜡纸中的石蜡、废报纸中的油墨均含有多环芳烃）以及粮食受到煤焦油、沥青的污染等都是食品被多环芳烃污染的途径。

（4）预防和控制措施

① 加强环境治理，减少环境对食品的污染。

② 改进食品加工烹饪方法，如烘烤食品时选用发烟少的燃料，最好用电热炉、红外线炉或微波炉。

③ 粮食、油料种子不在柏油路上晾晒，以防沥青污染。

④ 机械化生产食品要防止润滑油污染食品（机械传动部分要密封），或改用食用油作润滑剂。

⑤ 尽量少吃烧烤及高温油炸食物。

（5）BaP在食品中的限量标准

我国《食品安全国家标准 食品中污染物限量》（GB 2763—2022）规定了BaP在一些食品中的最大允许量：谷物及其制品为2 μg/kg；肉及肉制品（熏、烧、烤肉类）为5 μg/kg；水产动物及其制品（熏、烤水产品）为5 μg/kg；奶及奶制品（稀奶油、奶油、无水奶油）为10 μg/kg。

6．二噁英

（1）定义

二噁英是氯代含氧三环芳香族有机化合物的总称，分为多氯二苯并对二恶英（PCDDs）和多氯二苯并呋喃（PCDFs），简称为PCDD/Fs。PCDD/Fs的毒性与氯原子取代的8个位置有关，其中毒性最强的是2，3，7，8－四氯代二苯并对二噁英（TCDD），其毒性相当于氰化钾（KCN）毒性的130倍，因此被称为“地球上毒性最强的毒物”，具有不可逆的“致畸、致癌、致突变”毒性。国际癌症研究中心已将其列为1类致癌物。这类物质既非人为生产又无任何用途，而是燃烧和各种工业生产的副产物。在环境中广泛存在，是一类含氯原子的高毒性环境污染物，对人体危害严重。

（2）二噁英的性质

二噁英无色无味，难溶于水，可溶于大部分有机溶剂；二噁英熔点较高，除了气溶胶颗粒吸附外，在大气中分布极少，因而在地面可以持续存在；二噁英化学性质极为稳定，在环境中难以被微生物和光降解，半衰期约为9年，是一种典型的持续性有机污染物；二噁英的热稳定高性，需要加热到750 ℃左右才开始分解，大量的二噁英分解则需要加热到950 ℃以上；二噁英的脂溶性很强，在环境中可通过食物链富集，容易存在于动物脂肪和乳汁中，鱼、肉、禽、蛋、奶及奶制品最易受到污染。另外，在食品加工过程中，加工介质（如溶剂油、传热介质等）的异常泄漏也可造成加工食品的二噁英污染。二噁英进入人体，主要蓄积在脂肪组织中，在人体内降解缓慢（在体内的半衰期为7～11年）。

（3）二噁英的来源

二噁英的自然源为火山爆发和森林火灾等自然过程。工业污染源主要是工业生产过程中的副产物。聚氯乙烯塑料、纸张、氯气及某些农药的生产环节，以及钢铁冶炼、催化剂高温氯气活化、氯漂白等过程都可向环境中释放二噁英。二噁英还作为杂质存在于一些农药产品如五氯酚、2，4，5－T（落叶剂）等中；环境中95%的二噁英来源于垃圾燃烧，包括医疗废弃物焚烧、化工厂的废物焚烧、生活垃圾焚烧等。当焚烧温度低于800 ℃，含氯塑料不完全燃烧，极易生成二噁英。燃烧后形成的氯苯为二噁英合成的前体。其他含氯、含碳物质，如纸张、木制品、食物残渣等经过铜、钴等金属离子的催化作用可不经氯苯直接生成二噁英。

（4）二噁英的危害

二噁英类化合物具有强烈的致畸、致癌、致突变毒性，还具有针对人体主要器官的毒性，如肝毒性、皮肤毒性、内分泌毒性、生殖毒性、神经系统毒性和呼吸毒性。人体内90%以上的二噁英摄入来源于食品，尤其是富含脂肪的动物源性食物。皮肤和呼吸道吸收也是人体摄入的重要途径。当人体一次摄入较大剂量二噁英类化合物或其在人体内富集量达到一定程度时，会出现急性中毒现象，如头痛、呕吐、肝功能损伤等症状，严重可致人死亡。食品中低剂量的二噁英残留，进入人体后将会在人体内长期存在并不断累积，最终对人体造成危害。孕妇体内二噁英类化合物会对胎儿的生长发育造成影响，母乳中的二噁英会导致婴儿的高度暴露，对婴儿造成严重的不良反应，如发育受阻、认知能力损伤和甲状腺功能紊乱。

（5）预防和控制措施

由于二噁英的严重危害性，世界各国加强了对二噁英的检测与防治研究，目前常用的污染防治措施主要是：

① 源头治理、降低污染。针对二噁英的来源，控制其产生渠道，是世界各国普遍采用的防治措施。一般措施为严格控制氯酚类杀虫剂、消毒剂的生产、使用；全面禁止垃圾、农作物秸秆的无序焚烧；生活垃圾焚烧炉要严格控制焚烧温度不低于850 ℃，烟气停留时间不少于2小时，氧浓度不低于6%；对工业“三废”及纸浆漂白液进行净化处理；加强汽车尾气净化等。

② 加强二噁英的检测和食品安全管理。世界各国除对环境中的二噁英进行控制外，对食品中的二噁英含量也规定了限量标准，超过标准，就不能作食品用。

③ 提高人们的自我防范意识。在加强环境污染控制及食品安全管理的同时，要进一步提高人们的食品安全常识和自我防范意识。二噁英主要富集在脂肪和动物皮肤内，故建议人们食用低脂肪食品，多吃蔬菜、水果、谷物，均衡饮食，多吃瘦肉，少吃肥肉。

第10章

食品中的生物性污染物

食品从生产、加工、运输、销售到烹饪的各环节中，都可能受到环境中各种有害致病因子的侵入，以致食品卫生质量与营养价值降低。食用了被污染的食品，会引起食物中毒，产生急性或慢性疾病。食品中除含有化学性污染物之外，还存在一些生物性污染物。

食品生物性污染是指食品受到细菌、真菌、病毒、寄生虫及其虫卵等生物的污染。其中，细菌感染和毒素（包括真菌毒素和细菌毒素）引起的疾病最为常见。致病性细菌可以导致急性食物中毒，而非致病性细菌虽然不引起疾病，但往往是食品腐败的主要原因。此外，病毒、寄生虫和虫卵的污染也可能对食品安全构成威胁。

食源性病原微生物引起的食源性疾病是全球食品安全的核心问题，已成为威胁人类健康和社会经济发展的重要公共卫生问题。食源性病原微生物和生物毒素种类繁多、来源广泛、危害巨大，是引发食品安全问题的主要因素，具有群发、暴发、宿主范围广、传播速度快和社会影响与控制难度大等特点，严重时会引起社会恐慌，危及社会安定。

1. 食源性致病菌

食源性致病菌污染是最常见的食品污染之一，是食品安全的重要问题。全世界所有食源性疾病暴发案例中，有60%以上为食源性致病菌污染食物所致。

细菌为单细胞微生物，体积微小，一般以微米（μm）作为测量单位。细菌个体形态有球状、杆状、弧状和螺旋状等。食源性致病菌通过摄食而进入人体，引起食物中毒甚至传染病的流行。食物种类繁多，通常被污染的致病菌也各不相同。引起食物中毒的细菌有沙门氏细菌、大肠杆菌、副溶血性弧菌、金黄色葡萄球菌、肉毒梭菌、蜡样芽胞杆菌等；引起食源性传染病的

细菌有炭疽杆菌、李斯特菌、痢疾志贺氏菌、霍乱弧菌等。

（1）沙门氏菌

沙门氏菌是一类革兰氏阴性肠道杆菌，是引起人类伤寒、副伤寒、感染性腹泻、食物中毒等疾病的重要肠道致病菌。沙门氏菌的种类很多，已发现2300多个血清型，其中我国就有200多种。沙门氏菌广泛分布于哺乳类、鸟类、两栖类、爬行类等动物肠道内，在动物中广泛传播并感染人群。沙门氏菌感染者的排泄物或带菌者自身都可直接污染食品，常被污染的食物主要有各种肉类、鱼类、蛋类和奶及奶制品，其中以肉类居多。

沙门氏菌随同食物进入机体后在肠道内大量繁殖，破坏肠黏膜，并通过淋巴系统进入血液，出现菌血症，引起全身感染。沙门氏菌也能释放出毒力较强的内毒素，内毒素和活菌共同侵害肠黏膜继续引起炎症，出现体温升高和急性胃肠炎等症状。大量活菌释放的内毒素同时引起机体中毒，潜伏期一般为12～24小时。中毒初期表现为头痛、恶心、食欲缺乏，后期有呕吐、腹痛、腹泻、发热等症状，严重者可出现痉挛、脱水、休克等症状。沙门氏菌是导致我国食物中毒的主要元凶之一，世界各国也都曾多次出现大规模沙门氏菌污染食品事件。

预防沙门氏菌感染应注意环境卫生，加强对食品、饮水的卫生监督；充分加热产品灭菌，将产品储存于4 ℃的环境下冷藏，防止沙门氏菌生长，防止灭菌后交叉污染；处理生食和熟食的砧板要分开；餐前、便后、接触食物前、接触动物或生禽蛋后应仔细洗净双手；对食品加工和餐饮服务人员进行定期检查。对患者做到早期发现，及时隔离和治疗。

（2）副溶血性弧菌

副溶血性弧菌为革兰氏阴性杆菌，呈弧状、杆状、丝状等多种形态，无芽胞，又称致病性嗜盐菌，也称为肠炎弧菌，广泛分布于温热带地区的近海海水、海底沉积物和鱼贝类等海产品中，是我国沿海地区夏秋季节最常见的一种食物中毒病原菌。常见的鱼、虾、蟹、贝类中副溶血性弧菌的检出率很高。

副溶血性弧菌导致的食物中毒大多为副溶血性弧菌侵入人体肠道后，直接繁殖造成的感染及其所产生的毒素对肠道共同作用的结果，属于混合型细菌性食物中毒。潜伏期一般为6～10小时。副溶血性弧菌产生的耐热性溶血毒素除有溶血作用外，还有细胞毒、心脏毒、肝脏毒等作用。临床上以急性起病、腹痛、呕吐、腹泻及水样便为主要症状。该病多在夏秋季发生于沿海地区，常造成集体发病。由于海鲜物流的发展，内地城市病例也日渐增多。

防控方法与沙门氏菌一致。动物源性食物应煮熟、煮透再吃；隔餐的剩菜吃前应充分加热；防止生熟食物操作时交叉污染。此外，副溶血性弧菌对热抵抗力弱，海产品及其他食品应低温保存，不生吃各种鱼、虾、蟹、贝壳类海产品，对凉拌食品，预先要清洗干净，在食醋中浸泡 10 分钟或在沸水中漂烫数分钟，可杀死该菌或抑制其生长繁殖。

（3）李斯特菌

李斯特菌是革兰氏阳性菌，是一种兼性厌氧细菌，共有 10 个菌种。李斯特菌在环境中无处不在，广泛分布在蔬菜及土壤、海水沉积物中以及水体等环境中。

引起食物中毒的主要是单核细胞增多性李斯特菌，是一种人畜共患病的病原菌，广泛存在于自然界中，在土壤、地表水、污水、废水、植物、青储饲料等中均有该菌存在。李斯特菌不易被冻融，能耐受较高的渗透压。该菌很容易被动物食入，并通过粪—口途径进行传播。

85%～90% 的病例是由食用了被污染的食品引起的。李斯特菌在 4 ℃ 环境中仍可生长繁殖，是冷藏食品中威胁人类健康的主要病原菌之一。

食用被李斯特菌污染的食物 3～70 天后，健康成人可出现轻微的类似流感的症状，出现突然发热、剧烈头痛、恶心、呕吐、腹泻等症状或可引发败血症、脑膜炎、单核细胞增多及孕妇流产等。

李斯特菌在一般热加工处理中能存活。由于热处理杀灭了其他竞争性细菌，李斯特菌在没有竞争的环境条件下快速繁殖，所以在食品加工中，中心温度必须达到 70 ℃ 并持续 2 分钟以上。李斯特菌在自然界中广泛存在，即使产品已经过热加工处理充分灭活，仍有可能造成产品的二次污染，因此蒸煮后防止二次污染是极为重要的。

（4）大肠杆菌

大肠杆菌又叫大肠埃希氏菌，是一类两端钝圆、能运动、无芽胞的革兰氏阴性、兼性厌氧的肠道杆菌，是人畜肠道中的常见菌，约占肠道菌的 1%。大多数大肠杆菌的菌株是无害的。无害的菌株在动物肠道中正常寄居，会制造维生素 K、防止肠道中其他致病菌的生长，对人体有益。但其中很小一部分会在一定条件下引起疾病，某些血清型（EPEC、ETEC 等）大肠杆菌会在其宿主体内引起严重的食物中毒，如引起人和多种动物发生胃肠道感染或尿道等多种局部组织器官感染。

由大肠杆菌导致的疾病主要有以下几种：

① 肠道外感染多为内源性感染，以泌尿系统感染为主，如尿道炎、膀胱炎、肾盂肾炎，也可引起腹膜炎、胆囊炎、阑尾炎等。对于婴儿、年老体弱者、慢性消耗性疾病患者、大面积烧伤患者，大肠杆菌可侵入血液，引起败血症。早产儿，尤其是出生后 30 天内的新生儿，易患大肠杆菌性脑膜炎。

② 某些血清型大肠杆菌能引起人类腹泻。其中肠产毒型大肠杆菌会引起婴幼儿腹泻，也可呈严重的霍乱样症状。腹泻常为自限性，一般 2 ~ 3 天即愈，营养不良者可达数周，也可反复发作。

③ 肠出血性大肠杆菌会引起散发性或暴发性出血性结肠炎，可产生志贺氏毒素样细胞毒素。

大肠杆菌随粪便排出后广泛分布于自然界，可通过粪便污染食物、水和土壤，在一定条件下可引起肠道外感染，以食源性传播为主。易被大肠杆菌污染的食品有肉类、奶及奶制品、蔬菜、海鲜等，水源性和接触性传播也是重要的传播途径。

预防大肠杆菌感染，要加强控制饮用水或食物的卫生情况，食物要充分加热灭菌，在 4 ℃以下冷藏食品，防止烹饪过程中发生交叉污染。

（5）空肠弯曲菌

空肠弯曲菌为革兰氏阴性无芽胞杆菌，形态细长，呈弧形、“S”形及海鸥展翅状，属于螺旋菌科弯曲菌，广泛分布于动物体内，是多种动物如牛、羊、狗及禽类的正常寄居菌，是一种重要的人畜共同感染的肠道致病菌。

污染食品的空肠弯曲菌的重要来源是动物粪便，另外还有健康的带菌者。此外，已被空肠弯曲菌污染的器具等未经彻底消毒灭菌继续使用，也可导致交叉感染。食用空肠弯曲菌污染的食品，主要是危害消化系统。潜伏期一般为 3 ~ 5 天，会突发腹痛、腹泻、恶心、呕吐等胃肠道症状。

空肠弯曲病最重要的污染源是动物，如何控制动物的感染，防止动物排泄物污染水、食物至关重要。与动物或动物制品接触后要及时洗手，防止交叉污染；注意卫生，特别是在该菌引起食物中毒高发的夏季；另外，肉类食品要注意烹饪方法，一定要烧熟、煮透才能食用。

（6）变形杆菌

变形杆菌为革兰氏阴性杆菌，呈明显的多形性，有球形和线形，为周鞭毛菌，可运动。在固体培养基上呈扩散生长，形成迁徙生长现象，故名变形杆菌。变形杆菌属于腐败菌，在自然界分布广泛，土壤、污水和动植物中，都可检出，肉制品、水产品和豆制品极易受其感染，而且在一般情况下，被污染的食物感官、性状无明显改变，很容易被人误食。引起中毒的食品主要与动物源性食物有关，特别是熟肉制品和凉拌菜等。

变形杆菌为条件致病菌，多为继发性感染，其致病因素有鞭毛、菌毛、内毒素和溶血毒素等。变形杆菌中尤以奇异变形杆菌引起的感染最为常见，其次是普通变形杆菌，在引起泌尿系统感染方面这两种菌仅次于大肠杆菌。该菌还可引起慢性中耳炎、创伤感染、膀胱炎、婴儿腹泻等。

防止细菌污染、控制细菌繁殖和食用前彻底加热杀灭病原菌是预防变形杆菌食物中毒的三个主要环节。发现中毒后要立即停止食用怀疑被变形杆菌污染的食品，注意食品的储藏卫生和个人卫生，防止食品污染。

（7）志贺氏菌

志贺氏菌属是一类革兰氏阴性杆菌，是人类细菌性痢疾最为常见的病原菌，通称痢疾杆菌，在自然界分布广泛，通过粪—口途径传染。痢疾患者的大便中含有大量的志贺氏菌，是痢疾的主要传染源。健康的带菌者是危险的传染源，患者和带菌者的大便可通过多种方式污染食物、水源和周围环境。夏秋季天气炎热，苍蝇滋生快，苍蝇的脚毛可黏附大量志贺氏菌，是志贺氏菌重要的传播媒介。

志贺氏菌污染食品后，在其中大量繁殖。其致病因素主要是侵袭力和毒素。志贺氏菌借菌毛黏附，穿入回肠末端和结肠黏膜上皮细胞，在上皮细胞内繁殖，形成感染灶，引起炎症反应；志贺氏菌可产生细胞毒素、肠毒素和神经毒素。细胞毒素可抑制细胞蛋白质合成，使肠道上皮细胞坏死、脱落，并在局部形成溃疡及血性、脓性的排泄物，这是志贺氏菌对人体产生的主要危害。肠毒素使肠道液体分泌增加，形成腹泻。志贺氏菌食物中毒后，潜伏期一般为 10～20 小时。发病时以发热、腹泻、严重脱水、腹部痉挛、痢疾后重感及黏液脓血便为特征。

预防志贺氏菌食物中毒，要做好食品卫生，保证饮水卫生，做好疫情报告，出现疫情后，立即找出并控制传染源，禁止患者或带菌者从事餐饮业和保育工作，限制大型聚餐活动。用消毒过的水洗瓜果蔬菜和碗筷并漱口；饭前便后要洗手，不要随地大便；吃熟食，少吃凉拌菜，剩饭菜要加热后吃；食物做到生熟分开；防止苍蝇叮爬食物；对疑似被志贺氏菌污染的食品，食用前要加热处理，彻底杀死其中的志贺氏菌。

（8）金黄色葡萄球菌

金黄色葡萄球菌，简称“金葡菌”，隶属葡萄球菌属，是革兰氏阳性菌，为一种常见的食源性致病微生物。常寄生于人和动物的皮肤、鼻腔、咽喉、肠胃、痈、化脓疮口中，广泛分布于自然界，如空气、水、土壤中，另外还有饲料和其他食品上。易被金黄色葡萄球菌污染的食品有畜禽、肉、烘烤品、奶制品、水产品、罐头食品等。

金黄色葡萄球菌在适当的条件下可大量繁殖，产生肠毒素，肠毒素对蛋白酶和热具有极强的抗性，100 ℃、30 分钟仍保持部分毒性，巴氏消毒和一般家庭烹饪温度不能破坏这类毒素。食用被金黄色葡萄球菌污染的食物后，会出现恶心、呕吐、腹部痉挛、水性或血性腹泻和发热等症状。该菌引发的食物中毒报道层出不穷，占食源性微生物食物中毒事件的 25% 左右，已成为仅次于沙门氏菌和副溶血性弧菌的第三大微生物致病菌。

预防金黄色葡萄球菌中毒应注意做好食品卫生，加强卫生宣传教育，注意个人卫生，特别是手和鼻腔的卫生；在安全的温度下保存食物，生熟分开，建议食物应该现做现吃。尽可能采取热处理确保杀灭细菌，热处理后避免二次污染。

（9）肉毒梭菌

肉毒梭菌是肉毒梭状芽胞杆菌的简称，是一种革兰氏阳性菌，广泛分布于土壤、海洋湖泊沉积物和家畜粪便中。带菌物可污染各类食品原料，特别是肉类和肉制品。

食品被肉毒梭菌污染后，在厌氧条件下繁殖产生外毒素。它是一种蛋白质神经毒素，其纯品是一种白色晶体粉末，无味，易溶于水，稳定性较差，不耐热，80 ℃、10 分钟即可失活。但毒素复合物的稳定性好，可长期储存而不失活或仅有少量活性损失。毒素经肠道吸收后进入血液，作用于脑神经核、神经接头处及植物神经末梢，阻止乙酸胆碱的释放，妨碍神经冲动的传导而引起肌肉松弛性麻痹。食用被肉毒梭菌污染的食物后，神经系统将遭到破坏，会出现腹泻、呕吐、腹痛、恶心、虚脱，眼睑下垂，继发为视力重叠、斜视、模糊，瞳孔放大、呼吸困难和肌肉乏力等症状，严重时呼吸道肌肉麻痹，导致死亡。

预防肉毒梭菌食物中毒，应加强食品卫生管理，改进食品的加工、调制及储存方法，改善饮食习惯。在家庭自制的发酵食品中加大盐的用量，并提高发酵温度以抑制肉毒梭菌的产生。

（10）蜡样芽胞杆菌

蜡样芽胞杆菌，又称仙人掌杆菌，是一种革兰氏阳性菌。该菌在自然界分布广泛，常存在于土壤、灰尘和污水中及植物和许多生熟食品中，有些菌株会引起食物中毒，另外一些菌株则对其他动物有益。蜡样芽胞杆菌是兼性厌氧菌。与其他芽胞杆菌相同，它会产生防御性的内芽胞。易被蜡样芽胞杆菌污染的食品有肉、奶制品、蔬菜、鱼、土豆、酱油及各种甜点等。

蜡样芽胞杆菌是引起食物中毒的常见细菌，在生长条件不好的情况下会产生一种被称为“芽胞”的“外壳”，把自己保护起来，避免死亡。因此，蜡样芽胞杆菌比其他细菌更耐热，常常在加热的条件下也不会死亡。

蜡样芽胞杆菌能产生多种毒素，根据其引起食物中毒的症状可分为致呕吐型肠毒素和致腹泻型肠毒素。致呕吐型肠毒素主要引起恶心、呕吐的症状，其中毒可在儿童和老年人中表现出严重或致命的症状。致腹泻型肠毒素包括溶血性肠毒素、非溶血性肠毒素、细胞毒素和肠毒素等。一般认为是毒素可在细胞膜上形成孔洞，造成细胞内的钠离子和氯离子流失，使细胞电位失去平衡。腹痛、腹泻的症状多在摄入污染的食物 8～16 小时后发生，持续时间为 12～24 小时。

日常预防主要是防止食物污染。不进食腐败变质的剩饭、剩菜。严格监控凉拌菜的卫生情况。食物应充分加热，不宜放置于室温环境下过久。如不立即食用，应尽快低温保存，食前再加热。

（11）霍乱弧菌

霍乱弧菌是革兰氏阴性菌，菌体短小呈逗点状，有单鞭毛、菌毛，部分有荚膜。霍乱弧菌是霍乱的病原体，会引起烈性肠道传染病。霍乱主要表现为剧烈的呕吐、腹泻、失水，并且发病急、传染性强、病死率高。曾在世界上引起多次大流行，属于国际检疫传染病。

人类在自然情况下是霍乱弧菌的唯一易感者。霍乱弧菌主要通过污染的水源或食物经口传染。在一定条件下，霍乱弧菌进入小肠后，依靠鞭毛的运动，穿过黏膜表面的黏液层，可能借菌毛作用黏附于肠壁上皮细胞上，在肠黏膜表面迅速繁殖，经过短暂的潜伏期后便急骤发病。该菌不侵入肠上皮细胞和肠腺，也不侵入血液，仅在局部繁殖和产生霍乱肠毒素。霍乱肠毒素是一种剧烈的致泄毒素，作用于肠壁促使肠黏膜细胞过度分泌从而使水和盐过量排出，导致患者严重脱水虚脱，进而引起代谢性酸中毒和急性肾功能衰竭，甚至休克或死亡。

预防霍乱弧菌的感染必须贯彻预防为主的方针，做好对外交往及入口的检疫工作，严防该菌传入；此外应加强水、粪管理，注意饮食卫生。对患者要严格隔离，必要时实行疫区封锁，以免疾病扩散蔓延。

（12）炭疽杆菌

炭疽杆菌属于需氧芽胞杆菌属，为革兰氏阳性菌。菌体粗大，两端平截或凹陷，排列似竹节状，无鞭毛，无动力。该菌在氧气充足、温度适宜（25～30 ℃）的条件下易形成芽胞。

炭疽杆菌能引起羊、牛、马等动物及人类的炭疽病。牛、绵羊、鹿等动物对炭疽杆菌的易感性最强，马、骆驼、猪、山羊等次之，犬、猫等肉食动物则有一定的抵抗力，禽类一般不感染。人类受感染主要是因为接触污染的动物尸体和皮毛，接触被感染动物污染的土壤；也可因食用加热不充分的病畜肉导致肠炭疽或吸入带有芽胞的尘埃引起肺炭疽。牧民、农民、屠宰厂工作者易受感染，但尚未见人与人之间传播。

炭疽病主要表现为消化道溃疡、喉咙痛、吞咽困难和局部淋巴结肿大，伴严重的颈、胸部水肿。可引起恶心、呕吐、食欲减退、腹痛、腹泻、发热等症状。当机体抵抗力降低时，致病菌迅速沿淋巴管及血管向全身扩散，形成败血症并继发炭疽脑膜炎。

炭疽杆菌的毒力主要与荚膜和毒素有关，在入侵机体生长繁殖后，形成荚膜，从而增强细菌抗吞噬能力，使之易于扩散，引起感染乃至败血症。炭疽杆菌产生的毒素有水肿毒素、致死毒素两种，其毒性作用主要是直接损伤微血管的内皮细胞，增强微血管的通透性，改变血流循环动力学，损害肾脏功能，干扰糖代谢，血液呈高凝状态，易形成感染性休克和弥散性血管内凝血，最后导致机体死亡。

预防炭疽病首先应防止家畜炭疽的发生。目前我国使用的炭疽活疫菌，作皮上划痕接种，免疫力可维持半年至一年。青霉素是治疗炭疽病的首选药物，对肠道及吸入性炭疽病治疗困难，有条件的可用抗血清。

2．食品中的真菌毒素

真菌是一类具细胞核的、产孢子的、无叶绿体的真核生物，包含霉菌、酵母、蕈菌以及菌菇类。真菌的细胞中含甲壳素，能通过无性繁殖和有性繁殖的方式产生孢子。

霉菌污染可降低食品的食用价值，甚至不能食用；霉菌如在食品或饲料中产毒可引起人畜霉菌毒素中毒。霉菌毒素引起的中毒大多是由于不慎食入被霉菌污染的粮食、食用油及发酵食品等。霉菌毒素中毒往往表现出明显的地方性和季节性。

目前已知的真菌毒素有200余种，不同的霉菌其产毒能力不同，毒素的毒性作用也不同，按其化学性质可分为肝脏毒、肾脏毒、神经毒、细胞毒及性激素样作用等。真菌毒素对人体健康的危害极大，已成为食品安全关注的重点。与食品安全密切相关的真菌毒素主要有黄曲霉毒素（aflatoxin，AFT）、赭曲霉毒素（ochratoxios，OT）、玉米赤霉烯酮（zearalenone，ZEN）、呕吐毒素、T－2毒素、伏马毒素、展青霉素等。

（1）黄曲霉毒素

① 黄曲霉毒素的结构、种类和性质。黄曲霉毒素主要是由黄曲霉菌和寄生曲霉菌产生的一类结构类似的次生代谢产物，其分子结构中含两个呋喃环和香豆素。前者为基本毒性结构，呋喃环上有双键者毒性强；后者与致癌作用有关。

黄曲霉毒素能溶于油脂、氯仿和甲烷，不溶于水、乙醚、石油醚；耐热，一般的烹饪加工很难将其破坏，在280 ℃时，才发生裂解，毒性被破坏；在中性和酸性环境中稳定，但在pH为9～10的强碱性溶液中会迅速分解，形成香豆素钠盐。

② 黄曲霉毒素的产毒条件及对食品的污染。黄曲霉产毒的必要条件有：最适产毒温度28～32 ℃，湿度80%～90%，氧气含量1%。花生、玉米等是黄曲霉的天然培养基，适宜生长的水分活度为0.8～0.9；最适pH为3。

长江以南地区黄曲霉毒素污染要比北方地区严重，主要污染的粮食作物除花生、花生油和玉米外，还有各种坚果、大米、小麦、调味料、牛奶、奶制品等。而在世界范围内，一般高温高湿地区（热带和亚热带地区）食品污染较重，花生和玉米是其主要的污染对象。

③ 黄曲霉毒素的毒性。黄曲霉毒素是迄今发现的毒性最强的一类真菌毒素，具有急、慢性毒性。黄曲霉毒素危害的主要靶标是肝脏，属肝毒素，对肝脏组织有破坏作用，毒性大小因黄曲霉毒素种类或结构不同存在较大差异。急性中毒的临床表现以黄疸为主，出现发热、呕吐和厌食等症状，重者出现腹水、下肢水肿、肝脾大及肝硬化，甚至死亡。慢性中毒主要表现为生长障碍，肝脏出现亚急性或慢性损伤，肝功能降低，肝实质细胞坏死、变性，胆管上皮增生乃至形成结节，出现肝硬化。其他症状表现为体重减轻、生长发育迟缓、不孕等。黄曲霉毒素致癌力也居前列，主要诱发肝癌，还可

诱发胃癌、肾癌、泪腺癌、直肠癌、乳腺癌、卵巢癌等，是目前已知最强致癌物之一。

④ 黄曲霉毒素的限量标准。WHO 制定的食品中黄曲霉毒素最高允许浓度为 15 μg/kg；美国规定人类消费食品和奶牛饲料中的黄曲霉毒含量不能超过 15 μg/kg；而欧盟国家规定更加严格，坚果及其加工产品和所有谷类食品及其加工产品中黄曲霉毒素限量为 2 μg/kg。《食品安全国家标准 食品中真菌毒素限量》（GB 2761—2017）对黄曲霉毒素的限量标准是：谷物及其制品为 5～20 μg/kg；豆类及其制品为 5 μg/kg；坚果及其子类为5～20 μg/kg；油脂及其制品为 10～20 μg/kg；调味料为 5.0 μg/kg；特殊食品（如婴幼儿配方食品）为 0.5 μg/kg；另外规定奶制品中黄曲霉毒素限量为 0.5 μg/kg。

⑤ 预防措施。首先，应加强对食品的防霉措施，如降低温度，降低粮食水分，通风干燥，减少氧气含量，降低粮粒损伤程度，培育抗霉新品种等；其次，去毒，如挑选霉粒，碾压水洗，紫外线去毒，油吸附（白陶土或活性炭）去毒，油碱炼去毒等。

（2）赭曲霉毒素

① 赭曲霉毒素的结构、种类和性质。赭曲霉毒素是由纯绿青霉、赭曲霉及炭黑曲霉等产毒菌株侵染粮食、食品、饲料及其他农副产品后产生的次生代谢产物，是一组结构类似的真菌毒素。

赭曲霉毒素主要有 A、B、C 三种化合物，其中赭曲霉毒素 A（OTA）分子式为 $C_{20}H_{18}ClNO_6$，是苯丙氨酸与异香豆素结合的衍生物。赭曲霉毒素 B（OTB）是 OTA 的脱氯衍生物，赭曲霉毒素 C（OTC）是 OTA 的乙基酯。三者中 OTA 毒性最大，对农作物的污染最重，分布最广。

OTA 是一种无色针状结晶化合物，有很高的化学稳定性和热稳定性，焙烤只能使其毒性减少 20%，蒸煮对其毒性不具有破坏作用。酸性条件下溶于苯、三氯甲烷和稀碳酸氢钠溶液，微溶于水、石油醚；其盐溶于水。将 OTA 的乙醇溶液低温储藏一年以上毒性也无损失，但如接触紫外线，几天就会分解。

② 赭曲霉毒素对食品的污染。赭曲霉毒素是继黄曲霉毒素后又一个引起世界广泛关注的重要真菌毒素。根据其重要性及危害性排序，OTA 被认为仅次于黄曲霉毒素而列第二位。

OTA 产生菌广泛分布于自然界中，粮谷类、干果、葡萄及葡萄酒、咖啡、可可和巧克力、中草药、调味料、罐头食品、油、橄榄、豆制品、啤

酒、茶叶等多种农作物和食品均可被 OTA 污染。动物饲料中 OTA 的污染也非常严重。动物进食被 OTA 污染的饲料后会导致体内的 OTA 蓄积。由于 OTA 在动物体内非常稳定，不易被代谢降解，因此动物源性食物，尤其是猪的肾脏、肝脏、肌肉、血液，以及奶和奶制品等中常有 OTA 检出。进食被 OTA 污染的农作物和动物组织，将严重危害人体健康。

③ 赭曲霉毒素的毒性。OTA 具有烈性的肝脏毒和肾脏毒，当人、畜摄入被这种毒素污染的食品或饲料后，就会发生急性或慢性中毒。OTA 的急性中毒反应为精神沉郁，食欲减退，体重下降，肛温升高；消化功能紊乱，肠炎可视黏膜出血，甚至腹泻，脱水多尿，伴随蛋白尿和糖尿；妊娠母畜子宫黏膜出血，往往发生流产。

中毒后的病理变化以肾脏为主，可见肾脏肥大，呈灰白色，表面凹凸不平，有小泡，肾实质坏死，肾皮质间隙细胞纤维化；近曲小管功能退化，肾小管通透性变差，浓缩能力下降。OTA 的慢性中毒还表现为凝血时间延长，骨骼完整性差等。OTA 也能引起肝脏的急性功能障碍、脂肪变性、透明变性及局部性坏死，长期摄入有致癌作用。OTA 被国际癌症研究机构列为 2B 类人类潜在致癌物。

④ OTA 的限量标准。目前，世界上许多个国家和地区规定了粮食及其制品、果酒、干果及婴幼儿食品中 OTA 的限量标准。欧盟规定在所有食品中赭曲霉毒素的最高允许含量为 5 μg/kg；GB 2761—2017 规定了谷物及其制品、豆类及其制品、葡萄酒等共五大类七小类食品中 OTA 的限量标准，限量范围为 2 ~ 10 μg/kg。

⑤ 预防措施。在储存谷物时应控制湿度小于 15%，或保证高湿度时厌氧条件，亦可加入霉菌毒素抑制剂等，均能有效控制 OTA 的产生。化学脱毒：酸、碱、乙醛、硫酸氢盐、氧化剂、各种气体（如氨气）和青贮法等都可用来降低或灭活霉菌毒素。吸附剂脱毒：硅铝酸钙氢钠、班脱土、木炭、硝胆氨等均可用来降低 OTA 的毒性。目前比较有效的是在饲料中添加一定比例的硅铝酸钙氢钠和班脱土。

（3）玉米赤霉烯酮

① 玉米赤霉烯酮的结构和性质。玉米赤霉烯酮又称 F－2 毒素，是由禾谷镰刀真菌、黄色镰刀真菌以及克地镰刀真菌等多种镰刀霉菌产生的次级代谢物，可从患赤霉病的玉米中分离获得，具有很强的雌激素活性毒性。ZEN 的分子式为 $C_{18}H_{22}O_5$，有许多种衍生物，如 7－脱氢玉米赤霉烯酮、玉米赤

霉烯酸、8－羟基玉米赤霉烯酮等。

ZEN的热稳定性好，在120 ℃条件下加热4小时也不分解；有荧光特性，可用荧光检测器检测；在水、二硫化碳和四氯化碳中不溶解；在氢氧化钠等碱溶液中及甲醇等有机溶剂中容易溶解。ZEN中含有内酯结构，在碱性环境的条件下可以将酯键打开，当碱的浓度下降时键可恢复。

② 玉米赤霉烯酮的污染。在世界各地的谷物及其副产品中ZEN污染广泛，主要污染玉米、小麦、大米、大麦和燕麦等谷物。其中玉米的阳性检出率为45%，最高含毒量可达到2909 mg/kg；小麦的阳性检出率为20%，含毒量为0.364～11.05 mg/kg。ZEN污染给种植业和养殖业带来巨大损失，也对食品安全构成严重威胁。ZEN主要存在于霉变的粮食作物中，而且其结构在粮食的储藏、加工以及烹饪过程中很稳定，甚至在发酵过程中也变化不大，不易受到外界环境变化和高温的影响。

③ 玉米赤霉烯酮的毒性。ZEN作用的靶器官主要是雌性动物的生殖系统，同时对雄性动物也有一定的影响。在急性中毒的条件下，对神经系统、心脏、肾脏、肝和肺都会有一定的毒害作用。而在慢性中毒时，主要对母畜的毒害较大。它会导致母畜外生殖器肿大、充血。50%的母畜患卵巢囊肿，频发情和假发情的情况增多，育成母畜乳房肿大，自行泌乳，并诱发乳腺炎，受胎率下降。

ZEN不仅对禽畜有影响，对人体同样也有很强的毒害作用。妊娠期的妇女食用含ZEN的食物可引起流产、死胎和畸胎。食用含ZEN的各种面食也可引起中枢神经系统的中毒症状，如恶心、发冷、头痛、神智抑郁和共济失调等。ZEN也有致癌作用，IARC将ZEN列入3类致癌物清单中。

④ 玉米赤霉烯酮的限量标准。目前，大部分国家规定了谷物、食品和饲料中ZEN的限量。澳大利亚规定粮食作物中ZEN的最高含量为50 μg/kg。对于婴幼儿这一特殊敏感人群，欧盟制定了更加严格的限量要求为20 μg/kg。我国GB 2761—2017中规定了小麦、面粉、玉米、玉米面（渣、片）中限量为60 μg/kg；我国饲料卫生标准规定了饲料中ZEN的允许量要低于500 μg/kg。

⑤ 预防措施。以玉米、小麦、大豆等为原料的饲料，应储存在干燥通风的环境下，并采取一些人为的方法防止污染。对于已发霉的饲料一般不再使用，如果实际条件还需要使用，可将饲料放入10%的石灰水中浸泡一昼夜，再用清水反复清洗，用开水冲调后饲喂。同时应注意用量不应该超过40%。

（4）呕吐毒素

① 呕吐毒素的结构和性质。呕吐毒素主体成分为脱氧雪腐镰刀菌烯醇（deoxynivalenol，DON），属于单端孢霉烯族化合物，主要是由禾谷镰刀菌、尖孢镰刀菌、串珠镰刀菌等镰刀菌产生的真菌毒素。由于该物可以引起猪产生呕吐症状，故命名为呕吐毒素。

DON 纯品为白色针状结晶，易溶于水、甲醇、乙醇、乙腈、丙酮和乙酸乙酯，不溶于正已烷、丁醇、石油醚。DON 化学性质非常稳定，一般不会在加工、储存以及烹饪过程中被破坏，在实验室条件下可长期储存保持毒力不变，有较强的热抵抗力，121 ℃高温加热 25 分钟仅有少量破坏。酸性环境不影响其毒力，但是加碱或高压处理可破坏部分毒素。

② 呕吐毒素的污染。呕吐毒素是谷物和饲料中检出率和超标率严重的毒素之一，对动物和人类健康构成严重威胁。DON 的主要污染对象有谷物和谷物制品，包括小麦、大麦、玉米等及其加工而成的食品，如面包、饼干、麦片、面条等；酒和酒精饮品，如使用含有一定量呕吐毒素的谷物作为原料而生产的啤酒和其他酒精饮品可能受到影响；咖啡和茶在种植过程中也可能受到真菌污染；动物饲料中如果含有受污染的谷物，可能会影响食用这些动物产品的人类；动物产品，包括肉类、禽蛋、奶制品等可能因为生产过程中使用了含有呕吐毒素的原料而含有该毒素。

③ 呕吐毒素的毒性。呕吐毒素对人和动物均有很强的毒性，能引起人和动物呕吐、腹泻、皮肤刺激、拒食、神经紊乱、流产等。猪是对呕吐毒素最敏感的动物（可引起猪拒食、嗜睡、生长严重受阻、体重增加减慢、免疫机能减退、肌肉协调性丧失以及呕吐等症状），家禽次之，反刍动物由于瘤胃微生物的作用，耐受力最强。

人体摄入过量 DON 可导致急性毒性，会出现胃部不适、眩晕、腹胀、头痛、恶心、呕吐、手足发麻、全身乏力、颜面潮红，以及食物中毒性白细胞缺乏症。症状严重者可见呼吸、脉搏、体温及血压的波动，四肢发软、步态不稳、形似醉酒；长期摄入少量 DON 可在人体内蓄积，导致慢性中毒，造成肝损伤、免疫系统损伤、生殖系统损伤等。此外，DON 具有“三致”作用。IARC 已将呕吐毒素列为 3 类致癌物。

④ 呕吐毒素的限量标准。美国对小麦成品中 DON 的限量为 1000 μg/kg，对于动物饲料中 DON 的限量为 5000 μg/kg；欧盟对饲料原料和饲料中的 DON 限量为 900 μg/kg；我国 GB 2761—2017 规定谷物及其制品中的 DON 限

量为1000 μg/kg；《饲料卫生标准》（GB 13078—2017）规定，植物饲料原料中DON限量为5000 μg/kg。

⑤ 预防措施。首先是防止霉菌的产生，要严格控制饲料和原料的水分含量，控制饲料加工过程中的水分和温度，选育和培养抗霉菌的饲料作物品种，选择适当的种植或收获技术，注意饲料产品的包装、储存与运输、防霉剂添加等。饲料及饲料原料发生霉变后，可以根据饲料霉变的程度采取不同的方法进行脱毒处理。

（5）T-2毒素

① T-2毒素的结构和性质。T-2毒素主要是由镰刀菌属霉菌，如三线镰刀菌、拟枝孢镰刀菌、梨孢镰刀菌等产生的一类A型单端孢霉烯族类（trichothecenes，Ts）真菌毒素，具有毒性强、污染范围广的特点。T-2毒素不仅影响了粮谷产品及其制品的质量安全，还给人体健康带来了严重威胁，已逐渐受到广泛关注。

T-2毒素的分子式为$C_{24}H_{34}O_9$，是一种四环倍半萜烯化合物，一般认为氧环和双键是其毒性活性部位，氧环打开或双键还原均可使其毒性下降。T-2毒素不溶于水、石油醚，在氯仿、甲醇、乙醇中易溶。该毒素性质稳定，有很强的耐热性和紫外线耐受性，在200~210 ℃时灭菌30~40分钟或者浸泡在NaClO-NaOH溶液中至少4小时才可以减毒。

② T-2毒素的污染。T-2毒素广泛分布于自然界中，主要污染物为大米、小麦、大麦、燕麦、黑麦、玉米等谷物粮油产品及其加工的副产品，如饼粕、配合饲料等。全球范围内已经出现了多起T-2毒素引起的人畜大规模中毒事件，造成了严重的不良影响。

③ T-2毒素的毒性。T-2毒素是单端孢霉烯族毒素中毒性最强的一种，是自然界较为常见、毒性最强的真菌毒素之一，FAO和WHO已将T-2毒素同黄曲霉毒素一样列为天然存在的食品污染毒物。

T-2毒素可以通过多种途径对人和动物的多种组织和器官产生毒害作用。家禽、牛、羊、猪都对T-2毒素比较敏感。T-2毒素能抑制真核生物DNA和蛋白质合成，影响免疫系统产生抗体，改变细胞膜通透性和减少淋巴细胞增殖等。T-2毒素的中毒症状取决于暴露途径和感染剂量，经口感染、皮肤和气溶胶接触会产生消瘦、厌食、腹泻、呕吐等急性症状。肺部接触T-2毒素的中毒症状比其他暴露途径更为严重。T-2毒素的慢性症状主要为消化道中毒，具体表现为胃肠道黏膜炎症、腹泻、腹痛和呕吐等。

④ T－2 毒素的限量标准。世界上部分国家对 T－2 毒素制定了限量标准。欧盟对部分谷物及其制品中 T－2 毒素的含量均作了限量规定，尤其针对婴幼儿食用的含有谷物的食品，其 T－2 毒素含量不得超过 15 μg/kg；我国的《饲料卫生标准》（GB 13078—2017）中规定植物饲料和猪、禽配合饲料中 T－2 毒素的限量标准为 500 μg/kg。

⑤ T－2 毒素的预防措施。防霉措施为饲料饲草收割时充分晾干，储藏期翻晒通风，水分保持在 10%～13%；去毒或减少毒素的方法有水浸法、去皮减毒、稀释法等；预防 T－2 毒素的措施通常为在饲料中添加 5% 的膨润土，可消除 T－2 毒素引起的动物生长抑制和拒饲现象，沸石、漂白土吸附剂可以除去饲料中的 T－2 毒素，饲料中添加 0.05%～0.1% 酯化葡甘露聚糖，可减轻 T－2 毒素的毒害作用。

（6）伏马毒素（fumonisin）

① 伏马毒素的结构、种类和性质。伏马毒素，又称烟曲霉毒素，是一类由串珠镰刀菌、轮状镰刀菌、再育镰刀菌等在一定温度和湿度条件下繁殖产生的次级代谢产物。不同于其他真菌毒素拥有环状结构，伏马毒素是一类由不同的多氢醇和丙三羧酸组成的双酯化合物，具有线性 19 或 20 碳原子骨架，沿骨架两侧的不同部位具有羟基、甲基及三羧酸结构。

目前至少有 18 种伏马毒素已被分离鉴定，根据它们的化学结构分为 A 族、B 族、C 族和 P 族。伏马毒素 B 族中的 FB1、FB2、FB3 在自然界的存在最为广泛，其中 FB1 毒性最强，污染最普遍，占污染总量的 70%。

伏马毒素纯品为白色针状结晶，易溶于水、甲醇或乙腈，但不溶于非极性溶剂。伏马毒素对热很稳定，100 ℃的温度下蒸煮 30 分钟结构也未受影响。这特性使得伏马毒素在绝大多数的粮食加工过程中性质非常稳定，结构很难被破坏。

② 伏马毒素的污染。伏马毒素广泛存在于世界各地的玉米、小麦、高粱、水稻等农作物中（尤其是玉米及其制品中），并对某些家畜产生急性毒性及潜在的致癌性。

玉米中伏马毒素污染程度与种植地理位置、农业操作规范以及玉米品种有关。在气候温暖的玉米产区，常常发现高水平污染的伏马毒素。伏马毒素的污染水平也受收获前和收获期间的环境因素，如温度、湿度、干旱和降雨等影响。收获后玉米的不当储藏也会导致伏马毒素污染水平上升。

③ 伏马毒素的毒性。FB1 可引起马脑白质软化症、猪肺水肿综合征和大

鼠肝癌等动物疾病，对动物养殖业影响较大。IARC 将 FB1 列为对人类可能的致癌物质，动物实验表明：肝和肾是 FB1 的主要作用靶向对象；人类流行病学研究表明，世界各个地区玉米感染串珠镰刀菌（伏马毒素的主要产生菌）和食管癌发病之间具有关联。然而，目前尚没有建立明确的剂量反应关系，其毒理机制也不清楚。

④ 伏马毒素的限量标准。欧盟规定伏马毒素（FB1 + FB2）在未加工的玉米中限量为4000 μg/kg，供人直接食用的玉米和玉米制品限量为1000 μg/kg，供婴幼儿食用的玉米食品和婴儿食品限量为 200 μg/kg；美国规定伏马毒素（FB1 + FB2 + FB3）在脱胚的干磨玉米制品中限量为2000 μg/kg；我国还没有制定食品中伏马毒素的限量标准，但在《饲料卫生标准》（GB 13078—2017）中规定了部分饲料原料和饲料产品中的FB1 和FB2 总量的限量标准为 5 ~ 60 mg/kg。

⑤ 伏马毒素的预防措施。对伏马毒素中毒的预防主要应注意以下几个方面：加强粮食的通风、防潮、防霉管理，及时对田间和储藏的玉米、麦类、稻谷等粮食和饲料原料进行干燥处理，防止串珠镰刀菌等产毒真菌的污染、繁殖和产毒；不用发霉的玉米加工食品；不食用发霉变质的玉米及玉米制品，减少摄入伏马毒素的可能性。

（7）展青霉素（Patulin，PAT）

① PAT 的结构和性质。PAT 又称棒曲霉素、珊瑚青霉毒素，是由曲霉和青霉等真菌产生的一种具有极强毒性的次级代谢产物。PAT 的化学分子式为 $C_7H_6O_4$，是一种含有不饱和杂环内酯的化合物。

PAT 为无色结晶体，易溶于水、乙醇、丙酮、醋酸乙酯与氯仿，微溶于乙醚和苯，不溶于石油醚。PAT 在酸性环境中非常稳定，在碱性条件下活性降低。PAT 化学性质稳定，耐高温，但易与含巯基（ – SH）的化合物反应。

② PAT 的产毒及对食品的污染。能产生 PAT 的霉菌有扩张青霉、展开青霉、棒曲霉及雪白丝衣霉等。此类菌主要在水果上产毒，水果被感染后形成棕色腐烂斑，病斑发展很快，2 ~ 3 天直径可达 2 cm。最适于产毒温度为 21 ~ 30 ℃。低温条件下（2. 5 ~ 3 ℃）病斑扩大的速度变慢，但仍能产毒。最适产毒的 pH 范围是 3 ~ 6. 5。PAT 首先在霉烂苹果和苹果汁中被发现，广泛存在于各种霉变水果和青贮饲料中。最易被其感染的水果是苹果、桃、梨、山楂，其次是香蕉、葡萄、杏、草莓、樱桃、桑葚、李子、菠萝等。由水果制成的果汁和果汁酒以及杏仁、核桃、花生、榛子、奶酪、饲料和谷物

胚芽等中也曾测出PAT。由于PAT易溶于水并且在酸性介质中很稳定，在果蔬加工过程中难以清除，因此往往在水果制品中的残留量较大。

PAT污染是一个世界性问题，特别是对于苹果和苹果制品的主要生产国。我国是水果生产和消费的大国，其中苹果汁的生产和出口量均居世界首位。因此，PAT污染给我国水果及加工产业造成了严重的影响。

③ PAT的毒性。苹果汁中含有的微量PAT并不会引起急性中毒，但动物测试发现短时间内摄入大量PAT，可导致肝脏、脾脏及肾脏受损，引发急性中毒反应，如恶心、呕吐，以及肠胃充血、扩张、出血和溃疡等，同时也有免疫毒性、神经毒性、遗传毒性、致畸、致癌等慢性症状。PAT已被认定为世界果品中继黄曲霉毒素、赭曲霉毒素后重要的毒素类别。

④ PAT的限量标准。目前许多国家和国际组织已制定了水果及其相关制品中的PAT限量标准。欧盟、美国规定果汁产品中展青霉素的最大限量为50 μg/kg；《食品安全国家标准 食品中真菌毒素限量》（GB 2761—2017）中规定，苹果、山楂制品中PAT的限量标准为50 μg/kg。

⑤ 预防措施。水果在采收后应储存在受控制的环境下（如冷藏保存）。任何瘀伤都有可能促使产生PAT，故在处理采收后的水果时应尽量小心，减少受损。购买水果时，尽量选择外观完好、表皮色泽光亮的新鲜水果，仔细检查水果表面是否有破损或者霉斑，尽量避免购买切块水果。水果储存最好使用干燥的纸袋或塑料袋包裹存放，低温保存，降低温度和氧气水平。同时可以在包裹袋上扎些小孔以通气。另外，还要注意一些热带水果（如香蕉、芒果等）不适合低温储存，可常温放置，并尽快食用。切勿食用受损或发霉的水果，或用作制造果汁；鲜果汁宜尽早喝掉，或按照标签所提供的指示条件储存。

3．食源性病毒

病毒是一类比细菌更小、无细胞结构的、只含一种核酸的活细胞内的寄生物。病毒个体极小，大小以纳米为单位表示。病毒无细胞结构，是仅由核酸和蛋白质外壳组成的有生命特征的核蛋白颗粒；病毒严格寄生，不能独立进行新陈代谢，必须依赖于宿主细胞提供营养和能量才能繁殖；病毒对抗生素不敏感，对干扰素敏感。

20世纪40年代前，通过奶传播的小儿脊髓灰质炎病毒被认为是唯一的食源性感染病毒。近年来，肝炎病毒、轮状病毒、诺如病毒、朊病毒、口蹄疫病毒等引起的食源性疾病事件屡有报道，在世界各地病毒已成为一个引起

食源性疾病的重要原因。

（1）肝炎病毒

肝炎病毒引起传染性肝炎。引起病毒性肝炎的病毒有7种，即甲、乙、丙、丁、戊、己、庚型病毒。经食品传播的肝炎病毒有甲型肝炎病毒和戊型肝炎病毒。

甲型肝炎病毒属小RNA病毒科肝病毒属，直径约27 nm。球形颗粒状，对称二十面体，无包膜，内含线形单股RNA。甲型肝炎病毒比较耐热，60 ℃的温度下1小时不被灭活，对酸处理有抵抗力，置于4 ℃、－20 ℃和－70 ℃条件下，不能改变其形态或破坏其传染性。但在100 ℃的温度下加热5分钟可将其杀死。人和多种灵长类动物（黑猩猩、猕猴等）可被感染。戊型肝炎病毒属杯状病毒科，呈球状，平均直径为32～34 nm，无包膜。该病毒对高盐、氯仿等敏感。人和多种灵长类动物（如恒河猴、食蟹猴、非洲绿猴、绢毛猴及黑猩猩等）可被感染。

甲型肝炎病毒引起甲型肝炎或甲型病毒肝炎，潜伏期为15～50天，表现为突然发热、不适、恶心、食欲减退、腹部不适，数日后出现黄疸、肝肿大、肝区疼痛。感染剂量为10～100个病毒。甲型肝炎以秋冬季节发生为主，也可在春季流行，通过摄食被病毒污染了的食品和饮用水发生感染。病毒经口入侵人体后，在咽喉或唾液腺中早期增殖，然后在肠黏膜与局部淋巴结中大量增殖，并侵入血液形成毒血症，最终侵犯肝脏，该病经彻底治疗后，预后良好。戊型肝炎病毒主要以粪—口途径传播，潜伏期为10～60天，临床上表现为急性戊型肝炎（包括急性黄疸和无黄疸型）等，症状为食欲减弱、腹痛、关节痛和发热。多数患者于发病后6周即好转并痊愈，不发展为慢性肝炎。戊型肝炎多发生于少年到中年的年龄段，孕妇感染后病情常较重，尤以受孕6～9个月最为严重，常发生流产或死胎，病死率达10%～20%。戊型肝炎病毒经胃肠道进入血液，在肝内复制，再经肝细胞释放到血液和胆汁中，然后随粪便排出体外。

甲型和戊型肝炎患者通过粪便排出病毒，健康人摄入受其污染的水或农产品后可发病。水果和果汁、奶和奶制品、蔬菜、贝壳类动物等都可传播疾病，其中水、贝壳类动物是最常见的传染源。

甲型肝炎病毒和戊型肝炎病毒主要通过粪便污染食品和水源，并经口传染，因此加强饮食卫生、保护水源是预防污染的主要环节。对食品生产人员要定期进行体检，做到早发现、早诊断和早隔离；对患者的排泄物、血液、食具、用品等须进行严格消毒。严防饮用水被粪便污染。餐饮业从业人员要保持手的清洁卫生，养成良好的卫生习惯，对餐具要进行严格的消毒。对输血人员要进行严格体检，对医院使用的各种器械进行严格消毒。接种甲肝疫苗有良好的预防效果，向患者注射丙种球蛋白有减轻症状的作用。

（2）轮状病毒

轮状病毒是导致人类、哺乳动物和鸟类腹泻的重要病原体，是病毒性胃肠炎的主要病原，也是导致婴幼儿死亡的主要原因之一。

轮状病毒呈球形，有双层衣壳，每层衣壳呈对称二十面体。内衣壳的微粒沿着病毒体边缘呈放射状排列，形同车轮辐条。完整病毒大小为 70 ~ 75 nm，无外衣壳的粗糙型颗粒为 50 ~ 60 nm。具双层衣壳的病毒体有传染性。病毒基因组为双链 RNA。轮状病毒在自然环境中相当稳定，在粪便中存活数天到数周，适应的 pH 范围广（pH 为 3.5 ~ 10），55 ℃的温度下在 30 分钟内可不被灭活。

A 型轮状病毒最为常见，是引起 6 个月至 2 岁婴幼儿严重胃肠炎的主要病原体。年长儿童和成年人常呈无症状感染。传染源是患者和无症状病毒携带者排出的粪便中的病毒，以粪—口途径传播，病毒侵入人体后在小肠黏膜绒毛细胞内增殖，造成细胞溶解死亡，微绒毛萎缩、变短和脱落，腺窝细胞增生、分泌增多，导致感染者严重腹泻。病毒潜伏期为 20 ~ 48 小时，感染者突然发病，出现发热、腹泻、呕吐和脱水等症状。一般为自限性，可完全恢复，但当婴儿营养不良或已有脱水症状时，若不及时治疗，会导致婴儿的死亡。B 型轮状病毒可在年长儿童和成年人中暴发流行，C 型轮状病毒对人的致病性与 A 型类似，但发病率很低。

轮状病毒存在于肠道内，通过粪便排到外界，污染土壤、水源和农产品。在人群生活密集的地方，轮状病毒主要是通过病毒携带者的手造成食品污染而传播，在医院、幼儿园和家庭中均可发生。

对轮状病毒的预防措施主要是控制传染源，切断其传播途径，对可能被污染的物品进行严格消毒。具体措施首先是讲究个人卫生，饭前便后洗手，防止病毒污染食品和水源；其次，食用冷藏食品时尽量加热处理，对可疑的食品食用前一定要彻底加热；另外，可以接种疫苗提高个人的免疫力。

（3）诺如病毒

诺如病毒是世界上引起非细菌性胃肠炎暴发流行的重要病原体。诺如病毒属杯状病毒科，直径为 26 ~ 35 nm，无包膜，表面粗糙，球形，呈对称二

十面体，根据暴发地区不同，该类病毒有很多血清型。

诺如病毒会引起病毒性胃肠炎或称为急性非细菌性胃肠炎。潜伏期通常为18～24小时，患者突然发生恶心、呕吐、腹泻、腹痛、腹绞痛，有时伴有低热、头痛、乏力及食欲减退，病程一般为2～3天。目前，病毒感染剂量还不清楚。所有人都可感染发病，但主要为大龄儿童和成年人。人体获得对诺如病毒的免疫力后，免疫作用维持时间比较短，这是反复发生胃肠炎的主要原因之一。

诺如病毒主要是通过污染水和食物以粪—口途径传播，也有人和人之间相互传播的。水是引起疾病暴发的最常见传染源。

预防措施主要是避免食用受污染的食品。人食用诺如病毒污染的食品均可导致发病。在病毒易发地区，对易污染的食品更要注意其安全性。

（4）口蹄疫病毒

口蹄疫病毒属于小RNA病毒科，病毒粒子无包膜，在病毒的中心为一条单链的正链RNA，由大约8000个碱基组成。口蹄疫为人畜共患病，主要侵害偶蹄类动物，可以传播给人，但它克服种间障碍传播给人的概率较低，人发生口蹄疫感染是比较罕见的。

口蹄疫病毒在新鲜、部分烹饪和腌制的肉以及未经巴氏消毒的奶中可存活相当长时间。摄入这些产品或与动物接触可引起人的感染。人一旦受到口蹄疫病毒传染，经过2～18天的潜伏期后突然发病，表现为发热，口腔干热，唇、齿龈、舌边、颊部、咽部潮红，出现水泡（手指尖、手掌、脚趾），同时伴有头痛、恶心、呕吐或腹泻。患者在数天后痊愈，预后良好。

4．食源性寄生虫

食源性寄生虫病是指由于进食生鲜或未经彻底煮熟的含有寄生虫卵或幼虫的食物、水而引起人体感染的一类寄生虫病。按其感染食物来源可分为水源性、鱼源性、肉源性、植物源性、软体动物源性及淡水甲壳动物源性寄生虫病等。按虫种属生物特征可分为原虫病、吸虫病、绦虫病及线虫病等。

我国地域辽阔、人口众多，寄生虫病种类多、分布广，局部地区感染率高，感染情况分布不平衡。我国也是一个多民族国家，饮食习惯多样化，尤其是某些地区特有的生食水产品的习俗，如“生腌”“鱼生”等，使食源性寄生虫病流行和传播的可能性大大增加。另外，随着餐饮业的发展，人们外出就餐的机会增加，一些人喜好猎奇尝鲜，片面追求生鲜口味，喜爱“鱼生”“醉虾”“醉蟹”等美食及烧、烤、涮等饮食方式，使食源性寄生虫致病率不断上升。

寄生虫病的危害主要体现在以下几个方面：

① 引发严重的消化系统疾病。许多寄生虫定居于人体消化道，如蛔虫可寄生在小肠上段，成虫可达数米长。这些长虫可侵蚀肠黏膜，造成出血、溃疡，并分泌毒素破坏肠道，严重时还可造成肠梗阻、穿孔。患者常出现腹痛、腹泻、便血等症状。

② 引发严重营养不良。寄生虫可抢夺人体内的蛋白质及维生素，导致人体蛋白质消耗增加，造成营养严重不平衡。患者体重减轻，发育迟缓，反应迟钝。儿童患病更会影响智力成长。

③ 破坏人体免疫功能。寄生虫可损伤肠道黏膜，使肠道屏障功能减退，还可直接吸食宿主组织液，削弱人体免疫力，使患者更易感染疾病。

④ 引发严重病变。某些寄生虫可侵入人体深部组织，从而引发严重的后果，如肺吸虫进入人体可寄生于肺部引起严重出血，布氏杆菌寄生于肌肉可形成囊肿，这些病变可危及生命。

寄生虫病是我国流行的重大疾病之一，严重危害人民健康。目前，我国感染人体的寄生虫有60多种，其中食源性寄生虫多达30多种。常见的有以下几种。

（1）华支睾吸虫

华支睾吸虫的成虫寄生在人体的肝胆管内，俗称肝吸虫。该虫的第一中间宿主为淡水螺，第二中间宿主为淡水鱼、虾。人感染主要是吃生的或未煮熟的生鱼片、烤鱼片、酒醉虾等。华支睾吸虫病的主要危害是使患者的肝受损，病变主要发生于肝的次级胆管。华支睾吸虫病的潜伏期为1～2个月，潜伏期一般无症状，重度感染才出现症状。临床表现为疲乏、食欲缺乏、上腹不适、腹泻、肝区隐痛、黄疸、胆囊炎、胆管癌、贫血、肝硬化等症状，大量繁殖会引起胆汁堵塞、胆管发炎、肝纤维化、肝硬化。华支睾吸虫也是肝胆管癌和肝癌的重要诱因生物。

华支睾吸虫病是当前我国广泛流行的食源性寄生虫病之一，具有分布范围广、所致病症重、疾病负担高的特点。

（2）并殖吸虫

并殖吸虫病俗称肺吸虫病，因生食或半生食含有并殖吸虫囊蚴的蟹类或虾而感染。并殖吸虫主要寄生于人或动物的肺部。感染后的主要症状有胸痛、气急、咳嗽、脓气胸、高热、腹痛、腹泻等。寄生于脑部可形成脑内多

发性囊肿，出现剧烈的头痛、癫痫、瘫痪、视力减退、头颈强直、失语等症状。

（3）布氏姜片吸虫

布氏姜片吸虫又称肠吸虫，其感染阶段囊蚴可附着在荸荠、菱角、茭白和水芹等水生植物上，人因食入这些水生植物或饮生水而感染。感染后轻症患者无明显症状，重症患者会出现上腹部隐痛、易饥饿、恶心、呕吐等症状。儿童患者则可出现贫血、消瘦、腹胀、营养不良、发育障碍和智力减退等症状。

（4）广州管圆线虫

广州管圆线虫病是由于生食或半生食含有感染期幼虫的中间宿主螺类（福寿螺、褐云玛瑙螺等）或转续宿主蛙、蜗牛、鱼、虾、蟹，以及生食被幼虫污染的瓜果、蔬菜或饮用被幼虫污染的水所致。广州管圆线虫主要侵犯人的中枢神经系统，引起脑膜炎、脊髓炎或神经根炎，临床表现为发热、头痛、呕吐、感觉异常、四肢麻木、复视斜视、嗜睡等。

（5）绦虫

绦虫主要是带绦虫和猪囊尾蚴，人因生食或半生食含有带绦虫幼虫（囊尾蚴）的牛肉、猪肉或其虫卵而感染带绦虫病或猪囊尾蚴病。带绦虫寄生在肠道中，其主要症状为消化道症状。猪囊尾蚴病的危害较大，尤其是囊虫侵犯脑部时，可出现头痛、癫痫、颅压升高和精神障碍等症状。

（6）弓形虫

弓形虫病是由刚地弓形虫引起的一种人畜共患病。弓形虫感染包括先天性感染和获得性感染。先天性感染指胎儿通过胎盘被感染。获得性感染是因食入含有弓形虫包囊的肉制品、蛋类和奶类或被卵囊污染的水或蔬菜等，可对人体各组织器官造成严重危害。

除了以上几种常见的食源性寄生虫，其他寄生虫如旋毛虫、异尖线虫、片形吸虫等也是我国重要的食源性寄生虫。与许多食源性细菌病原体不同的是食源性寄生虫不在宿主之外复制，它们对抗生素不太敏感。大多数寄生虫有环境静止期（卵、包囊或卵囊），极低剂量的寄生虫引起人感染的可能性很高。

预防食源性寄生虫病的重点在于增强人们的防病意识，提高自我保护能力，改正不良的饮食方式和生活习惯。

① 最有效的方法是彻底烹饪食物。无论是海鲜、肉类还是蔬菜，都应

确保在食用前充分煮熟或蒸熟。高温可以杀死寄生虫及其卵或幼虫，从而确保食品安全。特别是对于海鲜和肉类等高风险食材，更应严格控制烹饪时间和温度。

② 注意饮食卫生。保持良好的个人卫生习惯是预防寄生虫感染的重要措施。饭前便后要洗手，避免用手直接接触食物。在处理生、熟食材时，应使用专用的刀具、砧板和容器等工具，确保生、熟分开。

③ 选择正规渠道购买食材。在购买食材时，应选择正规渠道和信誉良好的商家。避免购买来源不明或质量不可靠的食材，以减少感染寄生虫的风险。同时，要注意检查食材的新鲜度和卫生状况，避免购买过期或变质的食品。

④ 少吃或不吃生食。尽量避免生食或半生食海鲜、肉类等食材。如果确实喜欢生食的口感，可以选择经过专业处理的产品，但要注意控制食用量和频率。

⑤ 加强健康教育。通过媒体宣传、健康教育等方式提高公众对食源性寄生虫病的认识，了解寄生虫的传播途径和危害，增强自我保护意识。同时，要鼓励人们养成良好的饮食习惯和生活方式，减少感染食源性寄生虫的风险。